饮水型氟超标防治技术研究与实例

陈伟伟　胡亚伟　编著

黄河水利出版社
·郑州·

内 容 提 要

该书以习近平总书记关于地方病防治工作重要批示和孙春兰副总理在地方病防治工作会议上的讲话为指导,详细介绍了新疆维吾尔自治区饮水型氟超标地方病现状情况,从政策与理论两方面分析了防治工作的必要性和可行性,并以塔什库尔干县等 7 个县(市)为实例重点论述了饮水型氟超标地方病防治技术与实施方案,对其中所涉及的若干重要技术与政策问题进行了深入的分析、研究和探讨,提出了相应的措施,为做好我国饮水型氟超标地方病防治工作,助力打赢脱贫攻坚战、决胜全面建成小康社会提供坚实的理论基础与技术支撑。

图书在版编目(CIP)数据

饮水型氟超标防治技术研究与实例/陈伟伟,胡亚伟编著.—郑州:黄河水利出版社,2020.11
ISBN 978-7-5509-2860-2

Ⅰ.①饮… Ⅱ.①陈…②胡… Ⅲ.①饮用水-氟-安全技术-研究 Ⅳ.①TU991.2

中国版本图书馆 CIP 数据核字(2020)第 238696 号

策划编辑:岳晓娟 电话:0371-66020903 E-mail:2250150882@ qq. com

出 版 社:黄河水利出版社
　　　　地址:河南省郑州市顺河路黄委会综合楼 14 层 邮政编码:450003
发行单位:黄河水利出版社
　　　　发行部电话:0371-66026940、66020550、66028024、66022620(传真)
　　　　E-mail:hhslcbs@ 126. com
承印单位:河南新华印刷集团有限公司
开本:850 mm×1 168 mm 1/32
印张:4
字数:100 千字
版次:2020 年 11 月第 1 版 印次:2020 年 11 月第 1 次印刷

定价:40.00 元

前　言

　　氟是人体所必须的微量元素之一,适当的氟摄入有利于防止龋齿病的发生。但人体正常的氟需求量为 1.0~1.5 mg/d,如果持续过量摄入则会引发氟中毒。正常成年人体中氟含量为 2~3 g,主要分布在骨骼、牙齿中,在这二者中积存了约 90% 的氟,血液中为 0.04~0.4 μg/mL。人体所需的氟主要来自饮用水,如果摄入量在 4.0 mg/d 以上,会造成中毒进而损害健康。

　　我国是高氟地区,除上海、海南地区外,全国大部分地区存在饮用水氟超标问题。当前,国家饮用水标准中氟化物指标为 1.2 mg/L,但水源普遍氟超标,尤其是在东北、山西、河南、贵州、新疆等地区。在"兴氟利、除氟弊"的口号下,国家拨款 1 053 亿元用于治理水体中氟含量大于 2.0 mg/L 的问题,随后又拨款 1 555 亿元重点解决农村饮用水氟超标问题,然而治理效果并不理想。目前,全球范围内约有 2.0 亿人的饮用水氟超标,其中约有 8 000 万人在中国。资料统计表明,2013 年我国有 2 094 万名氟斑牙、氟骨病患者。

　　为深入贯彻习近平总书记关于地方病防治工作重要批示精神和孙春兰副总理在地方病防治工作会议上的讲话,基本控制和尽快消除危害人民健康的重点地方病问题,为打赢脱贫攻坚战、决胜全面建成小康社会提供坚实基础。水利部会同国家卫生健康委员会联合召开会议并研究部署推进饮水型氟超标地方病防治工作,联合下发《关于做好饮水型氟超标地方病防治工作的通知》(办农水〔2018〕234 号),要求到 2020 年底彻底解决饮水型氟超标地方病问题。

2018年,新疆维吾尔自治区水利厅改水防病办公室和新疆维吾尔自治区疾病预防控制中心联合组成专家组,对全疆各地(州、市)调查统计的饮水型氟超标数据进行现场调查和认真复核,最终核定全疆存在饮水型氟超标人口31 642人,其中氟超标未改水人口768人,改水后氟含量仍大于1.5 mg/L的人口30 874人,涉及建档立卡贫困人口5 834人,分布在塔什库尔干县、莎车县、沙雅县、温泉县、阿勒泰市、布尔津县、吉木乃县等7个县(市)、10个乡镇、39个行政村。解决以上氟超标人口需建设农村饮水安全工程8处,包括水源置换、水质净化处理等措施,总投资约13 382万元。

受新疆维吾尔自治区水利厅委托,黄河水利科学研究院引黄灌溉工程技术研究中心成立项目组,开展了新疆维吾尔自治区饮水型氟超标地方病防治技术、实施方案等的相关研究工作,在征求自治区发展改革、财政、卫生健康等有关单位和专家的意见后,最终形成了《新疆维吾尔自治区饮水型氟超标地方病防治工作实施方案》,并进行实施,以期为我国饮水型氟超标地方病防治工作提供技术支撑。

2019年在水利部的大力支持下,新疆维吾尔自治区水利厅紧紧围绕全疆脱贫攻坚工作安排部署,坚持把农村饮水安全作为首要政治任务和"头号工程"来抓,通过加强组织领导、签订目标责任书、制定工作方案、开展包联帮扶指导等措施,举全疆水利系统之力整体推进农村饮水安全工程建设,全面解决了3.16万人的饮水型氟超标问题。

全书共分为八章,第1章主要介绍了新疆维吾尔自治区饮水型氟超标地方病基本概况;第2章阐述了饮水型氟超标地方病防治工作必要性和可行性;第3章主要介绍了工程建设的目标与主要任务;第4、5章详细介绍了技术方案编制与实施等过程,并列举了塔什库尔干县等7个县(市)的建设实例;第6章介绍了工程投资估算与资金筹措情况;第7、8、9章主要介绍了工程管理管护、分期实施意见和保障措施等内容;第10章针对饮水型氟超标地方病防治工作实施过程中可能会存在的主要问题提出了针对性的建议。

本书在编写过程中,得到黄河水利科学研究院引黄灌溉工程技术研究中心张会敏教高、李强坤教高、吕望和新疆维吾尔自治区水利厅鲁小新副厅长、新疆维吾尔自治区农村饮水安全管理总站张昀主任、杰恩斯·马坦副主任、周军苍、刘新华、排孜拉·艾尔肯、张小莹、张智超、贺海伟、拜亚茹等领导和同事的大力支持与帮助,在此表示衷心感谢。

《技术方案》中涉及有关饮用水水源地保护部分,项目组得到了河南省农村水环境治理工程技术研究中心的鼎力支持,在此一并致谢。

由于作者水平和各方面条件有限,书中难免存在疏漏和不够准确之处,诚望各位读者与同行予以批评指正。此外,书中对于他人的论点和成果尽量给予了引证,如有不慎遗漏之处,恳请相关专家谅解!

编　者

2020 年 3 月

目　录

1　饮水型氟超标地方病概况

1.1　自然地理、社会经济和水资源概况

1.1.1　基本概况

新疆维吾尔自治区位于我国西部边陲,地处北纬 32°22′~
49°33′,东经 73°21′~96°21′,国土面积 166.49 万 km²,约占全国国
土总面积的六分之一,是我国行政面积最大的省区,总人口
2 360 万人,其中农村总人口 1 328 万人。新疆维吾尔自治区辖 14
个地(州、市),96 个县(市、区),229 个建制镇,730 个乡(镇、场),
9 658 个村。

1.1.2　自然地理

新疆地处中温带极端干旱的荒漠地带,四周高山环绕,远离海
洋,自然地理环境相对封闭。境内北部为阿尔泰山,南部为昆仑
山,天山横亘中部,与北部的准噶尔盆地和南部的塔里木盆地形成
"三山夹两盆"的地貌格局,气候干旱,盆地中下部会逐渐出现氟
富集现象。

特殊的水文地质条件、地理特征、气候条件等自然环境造就了
地方性氟中毒病区的存在。饮水型地方性氟中毒病区主要分布在
阿克苏地区、塔城地区、喀什地区、和田地区、克州地区、巴州地区、
吐鲁番市等的 40 个县(市、区),历史上阿克苏地区的沙雅县、阿
克苏市、温宿县、阿瓦提县及塔城地区沙湾县为重病区。地方病的

流行不仅严重危害病区群众的身体健康,还阻碍了当地经济发展,成为了严重困扰新疆脱贫攻坚、提高人口素质的巨大障碍。经过多年改水防病工程建设的落实,饮水型氟中毒病区的病情得到了极大的缓解。根据"十二五"规划中期自评结果,全疆饮水型氟中毒病区改水累计达到了98.51%。

1.1.3　社会经济

2017年全疆GDP为10 920.09亿元,较2016年增长7.6%。其中,第一产业增加值1 691.63亿元,增长5.6%;第二产业增加值4 291.95亿元,增长5.9%;第三产业增加值4 936.51亿元,增长9.8%。第一产业增加值占地区生产总值的比重为15.5%,第二产业增加值比重为39.3%,第三产业增加值比重为45.2%,第三产业成为拉动经济增长的第一动力。全年人均生产总值45 099元,较2016年增长5.8%。

1.1.4　水资源概况

根据新疆水资源公报,新疆多年平均年降水总量2 157亿 m^3,自产水资源量832.7亿 m^3。2017年全疆用水总量为565.38亿 m^3,其中生产用水量548.13亿 m^3,生活用水量10.75亿 m^3,生态环境补水量6.49亿 m^3。一产用水中灌溉用水量527.68亿 m^3、鱼塘补水量2.59亿 m^3、牲畜用水量2.99亿 m^3;二产用水中工业用水量11.70亿 m^3、建筑用水量0.969亿 m^3;三产即服务业用水量2.20亿 m^3;居民生活用水量10.75亿 m^3。

1.2　饮水型氟超标人口底数

新疆饮水型氟超标人口的区域分布和超标含量等相关情况见表1-1。当前,全疆饮水型氟超标主要集中在塔什库尔干县、莎车

表1-1　饮水型氟超标到村情况统计

省(市、自治区)名称	县(市、区)名称	乡镇名称	行政村名称	氟超标未改水情况			改水后氟含量仍大于1.5 mg/L的工程			简述工程未能正常运行的原因
				人口数(人)	户数(户)	氟含量(mg/L)	人口数(人)	户数(户)	氟含量(mg/L)	
1	2	3	4	5	6	7	8	9	10	11
新疆维吾尔自治区	塔什库尔干县	柯克亚尔柯尔克孜民族乡	柯克亚尔村				689	193	1.63	
		塔合曼乡	白浍吾勒村				767	217	7.60	
	莎车县		亚勒古孜巴格(15)村				401	89	1.80	
		米夏镇	吉格代艾日克(16)村				1 359	302	1.80	
			克斯木其(17)村				1 386	308	1.80	
			亚孜其拉(18)村				1 571	680	1.80	
			英其开艾日克(19)村				2 382	826	1.80	

续表 1-1

省(市、自治区)名称	县(市、区)名称	乡镇名称	行政村名称	氟超标未改水情况			改水后氟含量仍大于 1.5 mg/L 的工程			简述工程未能正常运行的原因
				人口数(人)	户数(户)	氟含量(mg/L)	人口数(人)	户数(户)	氟含量(mg/L)	
1	2	3	4	5	6	7	8	9	10	11
新疆维吾尔自治区	沙雅县	哈德墩镇(二牧场)	哈德墩村				434	68	1.89	
			油田一村				2 133	506	1.89	
			油田二村				2 952	615	1.89	
			阿特贝希村				303	62	1.89	
			永安村				822	145	1.89	
			托乎加依村				745	127	2.37	
			博斯坦村				660	125	2.37	
	温泉县	扎勒木特乡	蔡克尔特队				434	173	1.60	
		昆得仑牧场	昆得仑队				617	201	1.70	水处理及运行费用高,水量不足,管网老化
			浩图呼特队				419	124	1.70	
			蔡克尔特队				359	159	1.70	
			呼吉尔图牧队				363	138	1.70	
			呼吉尔图农队				434	143	1.70	

续表 1-1

省(市、自治区)名称	县(市、区)名称	乡镇名称	行政村名称	氟超标未改水情况			改水后氟含量仍大于 1.5 mg/L 的工程			简述工程未能正常运行的原因
				人口数(人)	户数(户)	氟含量(mg/L)	人口数(人)	户数(户)	氟含量(mg/L)	
1	2	3	4	5	6	7	8	9	10	11
新疆维吾尔自治区	温泉县	查干屯格乡	吐尔根村				351	129	1.80	
			孟克图布呼村				486	115	1.80	
			乌兰洪夏尔村				413	166	1.80	
			查干屯格村				440	110	1.80	
			查乡政府				1 024	374	1.80	
			塔斯尔哈村				282	87	1.80	
			查干苏木村				1 108	368	1.80	
			库斯台村				480	160	2.80	
			厄日格特村				1 176	387	1.90	
			莫托停浩图村				533	187	1.90	
			苏木浩特浩尔村				478	143	1.90	
			努哈浩秀村				856	262	1.90	

续表 1-1

省（市、自治区）名称	县（市、区）名称	乡镇名称	行政村名称	氟超标未改水情况			改水后氟含量仍大于 1.5 mg/L 的工程			
				人口数（人）	户数（户）	氟含量（mg/L）	人口数（人）	户数（户）	氟含量（mg/L）	简述工程未能正常运行的原因
1	2	3	4	5	6	7	8	9	10	11
新疆维吾尔自治区	阿勒泰市	萨尔胡松乡	库尔浆克托干村	768	215	4.5				
	吉木乃县	哈勒什海乡	阿克木尔扎村				1 212	267	1.72	
			库尔吉村				515	121	1.72	
			达冷海孜村				223	46	1.72	
			库尔木斯村				696	242	2.10	
	布尔津县	窝依莫克镇	克孜勒喀巴克村				878	303	3.10	
			江格孜塔勒村				493	185	2.40	
合计	7	10	39	768	215		30 874	8 853		

县、温泉县、沙雅县、吉木乃县、阿勒泰市、布尔津县等 7 个县(市)的饮水型氟超标问题共涉及 10 个乡(镇)39 个行政村,31 642 人(其中建档立卡贫困人口 5 834 人)。其中,氟超标未改水人口 768 人,改水后氟含量仍大于 1.5 mg/L 的人口 30 874 人,涉及建档立卡贫困人口 5 834 人。解决以上氟超标人口需建设农村饮水安全工程 8 处,包括水源置换、水质净化处理等措施,总投资 13 382 万元。

1.3　农村供水工程概况

当前,全疆饮水型氟超标地区均按照《新疆维吾尔自治区农村饮水工程管理办法》《新疆维吾尔自治区农村饮水安全工程建设管理实施细则》《新疆维吾尔自治区水利管理单位机构编制管理办法》等有关文件,建立县级供水专管机构,对农村供水机构名称、单位级别、机构设置、编制核定等进一步规范明确。

所有农村饮水安全工程均执行灌排电价,落实用地、税收等优惠政策。所涉及的千吨万人以上工程大部分安装了自动化监测系统,大幅度提高了农村饮水安全工程的管理水平。信息报送工作采取上报数据逐级签字制度,不存在漏报、瞒报现象,确保上报数据的真实准确性。

有条件的县(市、区)正在积极探索推广"供水总站+协会"的两级管理模式,完善运行管理机制,打破由县供水部门直接管理和"一竿子插到底"服务到户的管理模式,明确农村饮水安全工程的分级管理主体和责任,充分发挥村民主体作用,调动积极性,提高供水效率和效益。

氟超标地区农村饮水安全工程无重大安全问题、质量事故、水污染事件等,未出现被审计、纪检等部门查处的重大违纪问题,运行情况良好。

2　饮水型氟超标地方病防治
工作必要性和可行性

2.1　饮水型氟超标地区存在的主要问题

2.1.1　缺少专项资金

目前全疆饮水型氟超标防治工作主要依靠农村饮水安全工程投资,没有专项资金支持。

2.1.2　工程建后良性运行机制不健全

已建工程多数未设立县级农村饮水安全工程维护基金,维护和管理经费等落实不到位,影响工程正常运行。当前,农村饮水安全工程水价改革不到位,平均成本水价为 3.0~3.50 元/m³,平均执行水价为 1.0~1.50 元/m³,运行成本为 2.20~2.50 元/m³,成本水价与供水水价形成倒挂,水管单位运行困难。小型分散工程管理水平不高,技术力量薄弱,有的甚至缺乏日常运行记录。同时,农村饮水安全工程"最后 100 m"入户问题主要由受益农户自筹解决,入户率偏低。

2.1.3　水质保障能力有待提高

受经费和专业技术人才缺乏等因素制约,存在技术力量与检测能力较弱、费用短缺等问题,影响饮用水安全的有效监管。个别县(市)已建农村饮水安全工程供水水源水质日趋恶化,水质不符合供水标准。

2.1.4　工程信息化建设滞后

目前,大多数运行管理水平低,在出现问题的情况下大多通过人工排查解决,费时费工。工程运行专业化管理人员缺乏,缺编、缺员问题较为突出,工资待遇不高,造成管护队伍不稳定。

2.2　饮水型氟超标地方病防治工作的必要性

2.2.1　是关系到群众身体健康和生命安全的必要条件

保障农村饮水安全是以人为本、执政为民的重要体现,是为民办实事的重要途径,是最直接、最现实、最紧迫的民生工程。党的十六大提出到 2020 年全面建设小康社会的奋斗目标,强调不能把饮水不安全问题带入小康社会。本工程的实施将彻底解决氟超标地区饮水水质、水量等问题,有力促进社会和谐发展,为实现项目区小康生活奠定基础。

2.2.2　是实现精准扶贫、精准脱贫的职责

"十三五"期间,水利部按照精准扶贫、精准脱贫的要求,聚焦中西部贫困地区,启动实施农村饮水安全巩固提升工程,对已建工程进行配套、改造、升级、联网,健全工程管理体制和运行机制,进一步提高农村集中供水率、自来水普及率、供水水质达标率和供水保证率。到 2020 年,全疆农村饮水安全集中供水率达到 85% 以上,自来水普及率达到 80% 以上,供水保证率达到 90% 以上,水质达标率有较大幅度提高。进一步健全供水工程运行管护体制机制,按照"先建机制、后建工程"的原则,投资重点向贫困地区倾

斜,优先安排实施边境地区建档立卡农村贫困人口饮水安全巩固提升工程,到 2020 年底全面解决贫困人口饮水安全问题。

2.2.3　是农村饮水工程巩固提升工作的需要

"十三五"期间亟需解决的问题:一是拾遗补缺,应对近年来因城镇化进程、新农村建设、异地搬迁等原因造成的农村供水新问题;二是提质增效,对农村饮水安全工程进行必要的改造,进一步完善水质检测和净化消毒设施工作,提高工程管理水平;三是联网升级,对项目区现有小规模供水工程合并联网改造,实现规模化经营。

2.2.4　是富民安居工程的需要

农村饮水安全供水是富民安居工程的重要基础设施,可有效促进富民安居工程的顺利开展。目前,项目区供水管网多建于1998~2012 年,部分管网已不能适应现状供水需求。因此,保障正常的生活用水已成为最迫切的问题。

综上,项目区现状饮水条件在一定程度上阻碍了全面建设小康社会的步伐。因此,解决氟超标地区的饮水问题不仅是必要的,而且非常紧迫。

2.3　饮水型氟超标地方病防治工作的可行性

2.3.1　水源可行

一是根据当前项目区工程建设现状、水源条件等,可通过并网连接、管网延伸等方式更换水源。二是根据当地的水文地质条件,对于水源条件好的,可通过新建水源的方式来解决氟超标问题。

对于水源条件较差的,可通过配套除氟设备进行解决。

2.3.2　技术可行

通过多年的农村饮水安全工程建设,参建各方(管理单位、设计单位、监理单位、施工单位等)均积累了丰富的经验,建设管理更加规范严格,设计方案日趋成熟,可操作性强,施工设备与技术迅速发展,程序更加规范,这些都为项目顺利实施提供了技术保障。

2.3.3　政策、资金可行

当前,国家和地方的各级领导高度关注农村饮水安全问题,明确提出将投资重点向贫困地区倾斜,优先安排实施边境地区建档立卡贫困人口的饮水安全巩固提升工程,到2020年全面解决贫困人口饮水安全问题。饮水安全是一项民生工程,从政策、资金上来看可行。

2.3.4　居民意愿可行

随着经济社会的发展和生活水平的日益提高,居民用水需求不断提高,对供水工程的建设热情较高,能够积极自觉交纳水费。

综上,项目区工程建设在水源、技术、政策、资金、管理及居民意愿等方面均有保障,工程建设完全可行。

3 目标任务

3.1 编制依据

3.1.1 行政文件与规划

（1）《关于做好"十三五"期间农村饮水安全巩固提升及规划编制工作的通知》（发改办农经〔2016〕112 号）；

（2）《中共中央国务院 关于打赢脱贫攻坚战的决定》（中发〔2015〕34 号）；

（3）水利部办公厅 国家卫生健康委员会办公厅《关于做好饮水型氟超标地方病防治工作的通知》（办农水〔2018〕234 号）；

（4）《新疆维吾尔自治区地方病防治"十二五"规划》；

（5）《新疆农村人畜饮水工程初步设计编制纲要》；

（6）《新疆维吾尔自治区取水许可管理办法》；

（7）《新疆维吾尔自治区农村饮水安全工程建设管理实施细则》；

（8）《新疆农村饮水安全巩固提升工程"十三五"规划》；

（9）《关于做好"十三五"农村饮水安全巩固提升工作的通知》（新发改农经〔2017〕1597 号）；

（10）《关于印发 2017 年自治区水利扶贫开发工作方案的通知》（新水厅〔2017〕41 号）。

3.1.2 标准规范

(1)《生活饮用水卫生标准》(GB 5749—2006);

(2)《村镇供水工程技术规范》(SL 310—2019);

(3)《饮用水水源保护区划分技术规范》(HJ 338—2018);

(4)《饮用水水源保护区标志技术要求》(HJ/T 433—2008);

(5)《村镇供水站定岗标准》,中国水利水电出版社,2004;

(6)《农村饮水安全工程实施方案编制规程》(SL 559—2011);

(7)《室外给水设计标准》(GB 50013—2018);

(8)《管井技术规范》(GB/T 50296—2014);

(9)《机井技术规范》(GB/T 50625—2010);

(10)《给水排水管道工程施工及验收规范》(GB 50268—2008);

(11)《水工混凝土结构设计规范》(SL 191—2008);

(12)《水利水电工程施工组织设计规范》(SL 303—2017);

(13)《给水管道复合式高速进排气阀》(CJ/T 217—2013);

(14)《给水用聚乙烯(PE)管道系统 第 2 部分:管材》(GB/T 13663.2—2018);

(15)《给水涂塑复合钢管》(CJ/T 120—2016)。

3.2 实施方案范围与水平年

3.2.1 实施方案范围

饮水型氟超标未改水村(饮用水中氟含量在 1.2 mg/L 以上且中小学生氟斑牙患病率在 30%以上,以及饮用水氟含量大于 1.5 mg/L),改水后饮用水氟含量仍大于 1.5 mg/L 的农村人口。

3.2.2　水平年

实施方案现状年为 2017 年,水平年为 2020 年。

3.3　指导思想与基本原则

3.3.1　指导思想

在以习近平同志为核心的党中央坚强领导下,以习近平新时代中国特色社会主义思想为指导,全面贯彻党的十九大和十九届二中、三中全会精神,坚决贯彻落实习近平总书记关于新疆工作的重要讲话和重要指示精神,贯彻落实以习近平同志为核心的党中央治疆方略,特别是社会稳定和长治久安的总目标,贯彻习近平总书记关于地方病防治工作的重要指示、批示精神,坚持以人民为中心的发展思想,深刻认识氟超标防治工作的重要意义,切实落实饮水型氟超标防治工作的地方政府主体责任,强化改水工程管理管护,加强饮水安全健康宣传教育工作,联合卫生健康、发展改革、财政、教育、扶贫办等部门,建立多部门有效监督检查机制,科学制定饮水型氟超标问题的解决方案,加大先进适用技术的应用推广力度,以高度的责任心和使命感,扎实工作,合力推进,确保 2020 年底前基本完成饮水型氟超标防治任务,为保障氟病区农村居民饮水安全、促进经济社会发展做出更大贡献。

3.3.2　基本原则

(1)坚持统筹规划、突出重点、政府主导、精准扶贫的原则。

(2)坚持国家扶持与自力更生相结合的原则。

(3)充分利用已建工程,坚持加快建设与强化管理相结合的原则。

3.4 目标任务

3.4.1 总体目标

按照习近平总书记关于地方病防治工作的重要批示精神、孙春兰副总理在全国地方病专项防治工作推进会上提出的要求,强力推进全疆饮水型氟中毒防治工作,全面完成实施方案范围内饮水型氟超标防治工程建设。

3.4.2 年度目标任务

2019 年计划完成投资 8 629 万元,占总投资的 64.48%,建设水源置换工程 4 处,水质净化处理工程 2 处,优先解决塔什库尔干县、莎车县 2 个深度贫困县和沙雅县、阿勒泰市、吉木乃县共19 322 人的饮水问题,其中建档立卡贫困人口 2 783 人。

2020 年计划完成投资 4 753 万元,占总投资的 35.52%,建设水源置换工程 2 处,解决温泉县、布尔津县共 12 320 人的饮水问题,其中建档立卡贫困人口 3 051 人。

3.4.3 管理方面

全面推进工程管理体制和运行机制改革,建立健全农村供水管理服务机构、农村供水专业化服务体系、合理的水价及收费机制、工程运行管护经费保障机制和水质检测监测体系、水厂信息化管理体系,依法划定水源保护区或保护范围,加大对水厂运行管理关键岗位人员的业务培训。

4　工程建设

4.1　工程建设标准

（1）项目区供水水质达到《生活饮用水卫生标准》（GB 5749—2006）的要求。

（2）供水量按照《村镇供水工程技术规范》（SL 310—2019）的要求，农村居民最高日生活用水定额按照 60~100 L/（人·d）水平，标准牲畜最高日用水定额按 5 L/（只·d）水平。

（3）工程实现供水到户。

（4）工程供水保证率为 95%。

（5）工程各种构筑物和输配水管网建设符合相关技术标准要求。

4.2　技术路线

新疆维吾尔自治区饮水型氟超标地方病防治工作实施方案技术路线见图 4-1。

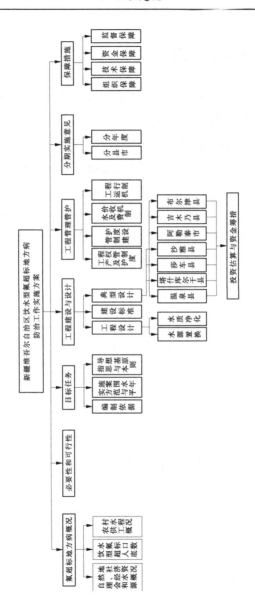

图 4-1　新疆维吾尔自治区饮水型氟超标地方病防治工作实施方案技术路线

4.3　工程建设内容

全疆饮水型氟超标主要集中在塔什库尔干县、莎车县、沙雅县、温泉县、阿勒泰市、吉木乃县、布尔津县等 7 个县(市)的饮水型氟超标问题共涉及 10 个乡(镇)39 个行政村 31 642 人(其中建档立卡贫困人口 5 834 人)。其中,氟超标未改水人口 768 人,改水后氟含量仍大于 1.5 mg/L 的人口 30 874 人,涉及建档立卡贫困人口 5 834 人。解决以上氟超标人口需建设农村饮水安全工程 8 处,采取水源置换、水质净化处理等技术措施,总投资 13 382 万元。新疆维吾尔自治区饮水型氟超标地方病防治工作工程建设情况见表 4-1。

4.3.1　氟超标未改水

阿勒泰市萨尔胡松乡库尔尕克托干村,涉及人口 768 人,采用水源置换的方式进行解决,投资约 1 068 万元。

4.3.2　改水后氟仍然超标

塔什库尔县涉及两个乡镇两个村,水源置换工程涉及 767 人,工程投资 350 万元;净化处理涉及 689 人,工程投资 280 万元。总人口 1 456 人,其中建档立卡贫困人数为 597 人。

莎车县采用水源置换工程,涉及一个乡镇五个村,涉及人口 7 099 人,投资金额 560 万元,其中建档立卡贫困人数 1 961 人。

沙雅县采用水源置换工程,涉及一个乡镇七个村,涉及人口 8 049 人,投资金额 2 780 万元,其中建档立卡贫困人数 225 人。

表 4-1 新疆维吾尔自治区饮水型氟超标地方病防治工作工程建设情况

省(市、区)	县(市、区)	涉及乡镇数量	涉及行政村数量	氟超标未改水人口情况					氟超标未改水人口解决措施					
				列入"十三五"巩固提升规划人数	建档立卡贫困人数	涉及行政村数量	涉及乡镇数量		水源置换		净化处理		易地搬迁	
				人数					解决人数	工程投资	解决人数	工程投资	解决人数	工程投资
		个	个	人	人	人	个	个	人	万元	人	万元	人	万元
1	2	3	4	5	6	7	8	9	10	11	12	13	14	15
新疆维吾尔自治区	塔什库尔干县	2	2											
	莎车县	1	5											
	沙雅县	1	7											
	温泉县	3	18											
	阿勒泰市	1	1	768			1	1	768	1 068				
	吉木乃县	1	3											
	布尔津县	1	3											
合计	7	10	39	768			1	1	768	1 068				

续表 4-1

省(市、区)	县(市、区)	涉及乡镇数量	涉及行政村数量	已改水仍然氟超标人口					已改水仍然氟超标人口解决措施					
				人数	列入"十三五"巩固提升规划人数	建档立卡贫困人数	涉及乡镇数量	涉及行政村数量	水源置换		净化处理		易地搬迁	
									解决人数	工程投资	解决人数	工程投资	解决人数	工程投资
		个	个	人	人	人	个	个	人	万元	人	万元	人	万元
1	2	3	4	16	17	18	19	20	21	22	23	24	25	26
新疆维吾尔自治区	塔什库尔干县	2	2	1 456		597	2	2	767	350	689	280		
	莎车县	1	5	7 099		1 961	1	5	7 099	560				
	沙雅县	1	7	8 049		225	1	7	8 049	2 780				
	温泉县	3	18	10 253		2 999	3	18	10 253	5 856				
	阿勒泰市	1	1											
	吉木乃县	1	3	1 950			1	3			1 950	591		
	布尔津县	1	3	2 067		52	1	3	2 067	1 897				
合计	7	10	39	30 874		5 834	9	38	28 235	11 443	2 639	871		

温泉县采用水源置换工程,涉及三个乡镇十八个村,解决人口10 253人,投资金额5 856万元,其中建档立卡贫困人数2 999人。

吉木乃县采用净化处理工程,涉及一个乡镇三个村,解决人口1 950人,投资金额591万元。

布尔津县采用水源置换工程,涉及一个乡镇三个村,解决人口2 067人,投资金额1 897万元,建档立卡贫困人数52人。

5 工程方案

5.1 工程选择

本次实施方案根据自治区统筹城乡发展的总体要求,综合考虑水源条件、地形地貌、用水需求、技术经济条件等因素,与脱贫攻坚规划、美丽宜居乡村规划、新型城镇化发展规划等紧密衔接,按照规模化建设、专业化管理、经济合理、方便管理的原则,选取水源置换、水质净化处理两种工程技术方案。

5.2 方案设计

5.2.1 塔什库尔干县饮水型氟超标防治工程

5.2.1.1 塔什库尔干县塔合曼乡白尕吾勒村安全饮水巩固提升工程

1. 项目区基本概况

塔什库尔干县塔合曼乡白尕吾勒村共有 193 户、686 人,其中贫困户 83 户、贫困人口 314 人,全村人均收入约 6 526 元。塔合曼乡附近有 314 国道,通过国道可以到达塔什库尔干县、喀什市,项目区已经基本形成了路上交通网络。塔什库尔干县电网与喀什地区大电网已经联网,白尕吾勒村已经与塔什库尔干县大电网连接,但是项目区水厂和大电网未连接,需要从附近变电所牵拉 0.5 km、10 kV 高压电线至水厂。

2.项目区供水现状

1)项目区农村供水现状

塔合曼乡白尕吾勒村饮水安全工程修建于2014年,资金来源多样,建设管网5处。其中,1片区主要向314国道东面、白尕吾勒村最北面集中安置点供水,供水户36户,井深100 m,出水量80 m³/h,采用太阳能抽水,未设置水厂,管网采用φ100 PE管,均实现供水到户。2片区主要向314国道东面、村委会北面片区供水,供水户88户,井深100 m,出水量100 m³/h,采用太阳能抽水,未设置水厂,管网采用φ100 PE管,均实现供水到户。3片区主要向314国道以东、村委会南面片区供水,供水户38户,井深120 m,出水量100 m³/h,采用太阳能抽水,未设置水厂,管网采用φ100 PE管,均实现供水到户。4片区主要向314国道以西、集中安置点供水,供水户25户,井深100 m,出水量100 m³/h,采用太阳能抽水,未设置水厂,管网采用φ100 PE管,均实现供水到户。5片区主要向314国道以西、独立3户供水,井深100 m,出水量80 m³/h,采用太阳能抽水,未设置水厂,管网采用φ100 PE管,均实现供水到户。在俄蓝库力沟有1户居民和新建警务站未实行供水到户。

塔合曼乡白尕吾勒村地下水补给源一样,地层结构一致,因此,其水源水质均相差不多。根据塔什库尔干县卫健委、水利局多次对该区域水质进行化验的结果,表明该区域水源氟化物均出现超标情况,另外附近没有其他水质达标的水源可以利用。该处水源水质氟含量超标、大肠杆菌超标。因此,项目区农牧民饮用的水仍然不符合《生活饮用水卫生标准》(GB 5749—2006)的水质要求。

2)项目区农村饮水安全存在的问题

白尕吾勒村共分为5个片区,分别由5眼机电井供水,每眼井深100~120 m,出水量80~100 m³/h。机井均采用太阳能抽水,仅设置简易的泵站,每天定时供水。5个片区均未设置水厂,没有调

蓄构筑物和水质处理设备。配水管网均采用φ100 PE管,并实现供水到户。项目区存在的主要问题如下:

(1)塔什库尔干县柯克亚柯尔克孜民族乡、塔合曼乡位于塔什库尔干县以北,其地质条件相似、水源补给来源相同,因此水源均存在氟化物超标、大肠杆菌超标情况。由于当时建设资金限制,水源水质未进行处理,农牧民饮用的是氟化物超标、大肠杆菌超标的地下水,导致当地农牧民出现氟化物地方病的情况非常多。

(2)机井采用太阳能抽水,仅在白天阳光强烈的时候才能供水,下雪、下雨或者阴天供水均出现困难,不能满足24 h连续供水。太阳能发电虽然运行期不需要投入较大资金,但是太阳能发电设备是有使用寿命的,更换太阳能发电设备的资金当地农牧民没办法筹集,因此后期水泵不能抽水的概率很大。

(3)项目区共有193户、686人,但是仅有5眼机井进行供水,各片区供水规模小、需要的管理人员较多,并且管理人员均为当地农牧民,因此存在管理困难情况。

综上所述,项目区不能满足饮水安全的要求。

3. 工程解决方案

1)工程总体规模

本次供水对象包括:实际供水到户187户、686人,其中贫困户83户、贫困人口314人,牲畜数量3 088标准头。

根据《村镇供水工程技术规范》(SL 310—2019),生活用水指标按全日供水,户内有洗涤池和部分其他卫生设施,用水定额取60 L/(人·d);牲畜用水量标准10 L/(头·d)(不大于1万头);项目区现状年无乡镇企业,乡镇企业用水量不计;未预见水量按最高日生活用水量、牲畜用水量、乡镇企业用水量、城镇用水量之和的10%计算;管网漏失水量按最高日生活用水量、牲畜用水量、乡镇企业用水量、城镇用水量之和的10%计算。设计水平年最高日供水量为102.06 m³,输水流量1.58 L/s,配水流量3.54 L/s。

2)方案选择

根据白尕吾勒村地形、地貌和现有工程布局,本项目工程布局选择两种方案进行比选。具体情况如下:

(1)机电井供水+水质氟化物处理方案。

将原来的多水源合并为一口机井供水,建设水厂,水厂设置消毒、氟化物超标处理设施(反渗透),然后加压向下游用水户供水。

(2)上游泉水供水+自压供水方案。

将俄蓝库力沟泉水作为水源,在水源下游450 m处建设水厂,水厂设置消毒处理措施,然后自压向下游用水户供水。

3)方案比选

(1)水源方面。

方案一较方案二多增加氟化物处理设备,增加后期运行管理费(包括絮凝剂、加压设备)等,并且需要专业技术人员管理,后期运行成本高。

(2)管道方面。

方案一需要增加管线长度4 300 m,方案二需要增加管线长度11 393 m、穿越国道等,较方案一困难。

(3)投资方面。

方案二多建输配水管道,工程投资高,但是方案一后期运行费用较方案二高。

方案比选情况见表5-1。

综上所述,方案二虽然施工较为困难、工程部分投资较高,但是其后期运行费用较低,管理较为容易,因此选择方案二作为本项目管网布置方案。

白尕吾勒村重新选择位于俄蓝库力沟的泉水作为水源。在泉眼处建设引泉池取水,建设输水干管将水输送到下游水厂,经过水厂消毒杀菌后,通过自压与下游原来的配水管网连接,向用水户提供连续供水。

表 5-1　方案比选情况

项目	方案一 (机电井供水+水质氟化物处理)				方案二 (上游泉水供水+自压供水)			
工程 部分	项目名称	单位	工程量	投资 (万元)	工程部分	单位	工程量	投资 (万元)
水厂 建设 投资	清水池 (50 m³)	座	1	7.21	取水 建筑物	座	1	4.08
	水厂	座	1	80.85	清水池 (50 m³)	座	2	7.21
	氟化物处理 (反渗透)	套	1	25.00	水厂	座	1	44.85
	合计			113.06	合计			56.14
管网 投资	PE 管道	m	4 300	80.08	PE 管道	m	11 393	185.87
15 年 运行 管理 费用	管理用人 工资	人	1	90	管理用人 工资	人	1	90
	设备更换	次	1	40.00	设备更换	次	1	10.00
	电费	万度	54	21.60	电费	万度	2.7	1.08
	合计			151.60	合计			101.08

4. 工程投资

1) 工程概算编制依据

本次工程概算编制采用"关于发布《水利工程设计概(估)算编制规定》的通知"(水总〔2014〕429 号)、"关于印发《水利工程营业税改征增值税计价依据调整办法》的通知"(办水总〔2016〕132号)、《关于调整增值税税率的通知》(财税〔2018〕32号)等相关文件。编制年采用 2018 年三季度价格水平。

2)工程投资

工程总投资 350.00 万元,其中建筑工程投资 213.75 万元,设备及安装工程 54.53 万元,施工临时工程 11.64 万元,独立费用43.28 万元,基本预备费 16.16 万元,水土保持措施费 6.24 万元,环境保护措施费 4.40 万元。工程投资总概算情况见表 5-2。

表 5-2 工程投资总概算

序号	工程或费用名称	建安工程费(万元)	设备购置费(万元)	独立费用(万元)	合计
I	工程部分投资				339.36
一	第一部分:建筑工程	213.75			213.75
1	水源保护	1.88			1.88
2	引泉池工程	3.56			3.56
3	管道工程	154.33			154.33
4	水厂	24.19			24.19
5	清水池(50 m³)	6.01			6.01
6	附属建筑物	21.91			21.91
7	入户工程	1.87			1.87
二	第二部分:设备及安装工程	5.93	48.60		54.53

续表 5-2

序号	工程或费用名称	建安工程费（万元）	设备购置费（万元）	独立费用（万元）	合计
1	引泉池	0.06	0.47		0.53
2	水厂消毒设备	1.04	8.65		9.69
3	厂区安防设备	1.17	9.79		10.96
4	清水池	0.13	1.07		1.20
5	管网设备	3.03	25.26		28.29
6	减压井	0.45	3.00		3.45
7	入户部分	0.05	0.36		0.41
三	第三部分:施工临时工程	11.64			11.64
四	第四部分:独立费用			43.28	43.28
1	建设管理费			9.72	9.72
2	工程建设监理费			9.15	9.15
3	生产准备费				
4	科研勘测设计费			23.18	23.18
5	其他			1.23	1.23
	一至四部分投资合计	231.32	48.60	43.28	323.20
	基本预备费5%				16.16
	静态投资				339.36
	总投资				339.36
Ⅱ	水土保持措施费				6.24
Ⅲ	环境保护措施费				4.40
Ⅳ	工程投资合计(Ⅰ~Ⅲ)				350.00

5.2.1.2 塔什库尔干县科克亚尔乡科克亚尔村安全饮水水源建设项目

1. 项目区基本概况

塔什库尔干县科克亚尔乡科克亚尔村共有 229 户、777 人,其中贫困户 77 户、贫困人口 282 人,全村人均收入约为 6 325 元。科克亚尔乡附近有 314 国道,通过国道可以到达塔什库尔干县、喀什市,项目区已经基本形成了交通网络。塔什库尔干县电网与喀什地区大电网已经联网,科克亚尔村已经与塔什库尔干县大电网连接,但是项目区水厂和大电网未连接,需要从附近变电所牵拉 1 km、10 kV 高压电线至水厂。

2. 项目区供水现状

1)项目区农村供水现状

科克亚尔乡科克亚尔村饮水安全工程修建于 2004 年,资金来源多样,共建设管网 2 处。

第一片区位于科克亚尔乡边防派出所周围,主要向 56 户集中连片区和村委会周边供水。水源是科克亚尔乡边防派出所后泉水,取水建筑物为简易的八字墙前池,后接架空镀锌钢管进行输水,水直接进入到一水厂清水池。水厂仅建设有简易的砖砌结构房,面积 12 m×6 m,未设置消毒设备、氟化物处理设备。水厂清水池容量为 300 m^3,清水池后接 ϕ 300 螺旋焊接钢管,后接 ϕ 200 PVC 管;在 56 户集中连片区附近更换为 ϕ 200 PE 管道;56 户集中连片区末端至村委会附近均采用 ϕ 200 PVC 管;配水干管与各小区分水井连接。项目区从分水井至每家每户均重新更换了 PE 管,实现了供水到户。配水干管 PVC 管出现多处破损状况。

第二片区位于科克亚尔乡乡政府周围,主要向乡政府周围、314 国道东西两侧独户及 66 户集中连片、灾后重建 35 户集中连片供水。水源是科克亚尔乡乡政府对面泉水,取水建筑物为简易的八字墙前池,直接由管道输入到附近清水池,清水池容量为 300

m^3。二片区未建设水厂,未设置消毒设备、氟化物处理设备。水厂清水池后接 DN125 PE、ϕ 110 PE 管,与各小区分水井连接。项目区从分水井至每家每户均采用 PE 管,实现了供水到户。

该片区地下水补给源一样,地层结构一致,因此其水源水质均相差不多。根据塔什库尔干县卫健委、水利局多次对该区域水质进行化验的结果,表明该区域水源氟化物均出现超标情况。另外,附近没有其他水质达标的水源可以利用。该处水源水质氟含量超标、大肠杆菌超标,因此项目区农牧民饮用水仍然不符合《生活饮用水卫生标准》(GB 5749—2006)的水质要求。

2) 项目区农村饮水安全存在的问题

柯克亚尔村共分为 2 个片区,由 2 处泉水分别供水,供水量均能满足饮用要求,实现 24 h 连续供水。2 个片区仅一片区设置简易水厂,但是没有水质处理设备;二片区未建设水厂,仅修建 1 处清水池。一片区配水管网由钢管、PVC 管、PE 管组成;二片区配水管网均采用 ϕ 100 PE 管;两个片区管网均实现供水到户。项目区存在的主要问题如下:

(1)塔什库尔干县柯克亚乡、塔合曼乡位于塔什库尔干县以北,其地质条件相似、水源补给来源相同,因此水源均存在氟化物超标、大肠杆菌超标情况。由于当时建设资金限制,水源水质未进行处理,农牧民饮用的是氟化物超标、大肠杆菌超标的地下水,导致当地农牧民出现氟化物地方病的情况非常多。

(2)一片区、二片区取水建筑物简陋,只能取地表易污染的原水。一片区、二片区水厂简陋,不能对水质进行处理。

(3)一片区取水建筑物至水厂输水管道采用架空钢管,未设置保温措施,容易发生冻胀导致输水困难,另外钢管容易腐蚀,影响水质。

(4)由于建设资金缺乏,一水厂配水主干管大部分采用钢管、PVC 管道,经过多年运行,管道破损、漏水情况时有发生。部分管道已被村民自筹资金更换,但是仍有3 070 m主干管没有更换。

(5)管道附属建筑物均简陋,破损严重。

(6)本项目供水范围小,已建设有2个片区管网,管理困难,并且后期运行费用高。

(7)科克亚尔村建设有2处泉水自压供水,但是提供水质未经处理,氟化物、大肠杆菌超标,饮水不能满足《生活饮用水卫生标准》(GB 5749—2006)要求,水质不达标。因此,项目区不能满足饮水安全的要求。

3. 工程解决方案

1)工程总体规模

供水对象包括:实际供水到户229户、777人,其中贫困户77户、贫困人口282人,牲畜数量3 900标准头。

根据《村镇供水工程技术规范》(SL 310—2019),生活用水指标按全日供水,户内有洗涤池和部分其他卫生设施,用水定额取60 L/(人·d);牲畜用水量标准10 L/(头·d)(不大于1万头);项目区现状年无乡镇企业,乡镇企业用水量不计;未预见水量按最高日生活用水量、牲畜用水量、乡镇企业用水量、城镇用水量之和的10%计算;管网漏失水量按最高日生活用水量、牲畜用水量、乡镇企业用水量、城镇用水量之和的10%计算。设计水平年最高日供水量为131. 30 m³,输水流量2. 18 L/s,配水流量4. 21 L/s。

2)方案选择

由于没有其他可替代水源,因此本项目方案比选主要针对水质处理方案进行,分为絮凝沉淀法和反渗透法两种方案进行比选。具体情况如下:

(1)絮凝沉淀法。

水厂新建穿孔旋流絮凝平流式沉淀池进行除氟,穿孔旋流絮凝平流式沉淀池由穿孔旋流絮凝池、平流沉淀池和集水池组成,设计规模按10 m³/h确定。

(2)反渗透法。

水厂新建反渗透设备进行除氟,反渗透系统包括阻垢剂加药系统、保安过滤器、高压泵、反渗透装置、化学清洗系统等,设计规模按 10 m³/h 确定。

(3)消毒工艺。

根据水质化验报告,超标项目主要为总大肠菌群和氟化物,采用目前最安全、最经济的消毒灭菌剂次氯酸钠进行消毒,以电解食盐法生产。水质消毒处理工艺流程见图 5-1。

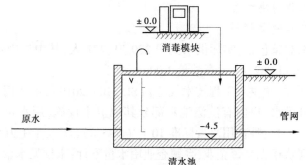

图 5-1 水质消毒处理工艺流程

次氯酸钠发生器由电解槽、硅整流电控柜、盐溶解槽、冷却系统、配套 PVC-U 管道、阀门、水射器、流量计等组成,其工作原理是由硅整流器接通阴阳极直流电源后,电解加入电解槽中的稀盐水而生成次氯酸钠。

消毒设施主要部件包括预软水装置、盐水箱、电解电极总成、整流电源、次氯酸钠存储罐、排氢装置、自控系统等。具体情况如下:

(1)预软水装置。

将溶盐原水进行软化处理,除去水中的钙、镁离子,降低水的硬度,出水要求达到电解食盐水水质硬度标准。

（2）盐水箱。

预软化水与盐在此配置成饱和盐水后自动稀释成3%~5%的稀盐水。

（3）电解电极总成。

阳极材料采用钛基体TA1镀钌铱，阴极材料为TA1优质钛材，使用寿命长，过电位较低，析氯电流效率高，节能效果好。

（4）整流电源。

采用专业的稳压开关电源，电转换效率>92%，发热量低，运行稳定；电源本身具有输入过压/欠压保护、输出过压/过流/短路保护、过热保护等，确保电源运行的可靠性和绝对的安全性能。

（5）次氯酸钠存储罐。

用于存储发生器所制取的全部次氯酸钠溶液，带有高、低液位控制，当液位达到高位时，处于满槽状态，发生器暂停运行，并点亮满槽灯；随着溶液的逐渐使用，当液位下降至中位时，发生器重新启动运行，满槽灯灭；当液位下降至低位控制点以下时，表示存储槽的次氯酸钠溶液已经很少，系统会暂停自动投氯，直至液位上升至低位控制点以上。

（6）排氢装置。

发生器在电解的过程会产生少量的氢气副产物，应设置排氢装置保证氢气安全排放。

（7）自控系统。

可根据客户要求配置PLC自动控制，变频投加与在线余氯仪、控制中心组成成套闭环投加控制系统，余氯监测仪对水样的余氯量进行实时监测，并把数据转化为4~20 mA信号发送至控制中心PLC，控制中心对该数据进行运算后输出信号对等4~20 mA给变频器，从而控制投加计量泵的流量，获得管网余氯的稳定值，实现闭环、可靠、稳定、安全的变频投加、监测及控制。

本工程在投加消毒剂点设置清水池，为确保供水水质，消毒剂

与水接触时间不得低于 30 min,出厂自由性余氯控制在 0.5 mg/L,
管网末梢控制在 0.05~0.1 mg/L。

3)除氟工艺设计

本项目采用反渗透设备进行除氟。反渗透是 1960 年美国加
利福尼亚大学的洛布与素里拉简发明的一项高新膜分离技术,孔
径很小,可去除滤液中的离子和分子量很小的有机物,如细菌、病
毒、热源等;已广泛用于海水或苦咸水淡化、电子、医药用纯水、饮
用蒸馏水、太空水的生产,还应用于生物、医学工程。反渗透处理
工艺流程见图 5-2。

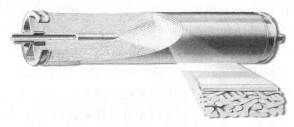

图 5-2　水质反渗透处理工艺流程

反渗透亦称逆渗透(RO),与自然渗透的方向相反,是用一定
的压力使溶液中的溶剂通过反渗透膜(或称半透膜)分离出来。
根据各种物料的不同渗透压,就可以利用大于渗透压的反渗透压
力,实现不同物种分离、提取、纯化和浓缩。

反渗透设施生产纯水的关键因素有两个,一是一个有选择性
的膜(半透膜),二是有一定的压力。具体来说,反渗透半透膜上
有众多的孔,这些孔的大小与水分子的大小相当,由于细菌、病毒、
大部分有机污染物和水合离子均比水分子大得多,不能透过反渗
透半透膜而与透过反渗透半透膜的水相分离。在水体众多种杂质
中,溶解性盐类是最难清除的,因此经常根据除盐率的高低来确定
反渗透的净水效果。目前,较高选择性的反渗透膜元件除盐率高
达 99.5%。

反渗透系统包括阻垢剂加药系统、保安过滤器、高压泵、反渗透装置、化学清洗系统等。本工程中反渗透膜采用陶氏公司的 BW-400 型复合膜，具有抗污染、高脱盐率、高水通量、低压运行等特点。本次设计 1 套 10 m^3/h 的反渗透装置，处理量为 10 m^3/h，回收率≥75%，初始脱盐率≥97%。

为了克服 RO 膜的渗透压，需要外界给 RO 膜提供压力，这个压力就是 RO 膜正常工作所需要的压力，是由高压泵提供的。本次选用丹麦格兰富高压泵，其具有体积小、效率高、噪声低等特点。

反渗透装置设置开机低压冲洗功能，开机后先用原水泵对 RO 装置进行低压冲洗，将 RO 膜及膜壳内的空气排尽，然后启动高压泵进行产水；反渗透装置设计连续运行 2 h 对 RO 膜进行一次低压冲洗，在 RO 膜浓水侧垢类杂质还没有变得结实之前将它冲洗下来，排出 RO 膜；停机时进行浓水置换，利用 RO 产水将膜内的浓水置换出来，防止在停机时浓水侧的杂质沉淀在 RO 膜表面上。同时，利用 RO 产水具有侵蚀性的特点，可以将 RO 膜表面上所沉积的微量垢类物质浸泡下来。上述低压冲洗和浓水置换都是为了及时去除无机盐、细菌等杂质，防止其在 RO 膜表面的沉积，降低膜元件的清洗频率，减缓膜元件的产水量、脱盐率等性能参数的衰减，低压冲洗和浓水置换采用自动方式。

反渗透预处理越完善，膜元件清洗周期就越长，清洗也越容易。但要保证反渗透膜元件完全不被污染是不现实的。因此，当膜元件因运行累积而造成污染时，反渗透的进出口压差上升，产水量下降，脱盐率下降。

为确保反渗透长期稳定运行，设置反渗透化学清洗装置是必要的。本系统两套反渗透装置共用一套化学清洗装置，兼作反渗透长期停运时保护处理。其化学清洗流程如下：清洗溶液箱→清洗水泵→清洗过滤器→反渗透装置。本套清洗系统同样可应用到超滤系统的药物清洗。

4)方案比选。

(1)水源方面。

两种方案均选择科克亚尔村边防派出所后面泉水作为水源。方案一比方案二简单。反渗透除氟设备必须专业人员操作,并且隔段时间对设备进行反冲洗,三至五年需要更换反渗透膜,运行期需要高压水穿透渗透膜,运行费用高。

(2)管线方面。

方案一与方案二所需管线一致,需要更换已经老化的管道3 070 m,新建一片区、二片区连接管道430 m。

(3)投资方面。

方案一主要是土建工程费用和加药设备,费用较少;方案二主要是反渗透设备,费用较高,另外方案二后期运行成本高。方案比选情况见表5-3。

综上所述,絮凝沉淀法建设项目少、投资低、后期运行费用少、管理方便,因此选择絮凝沉淀法作为本项目建设布置方案。

由于没有其他可替代水源,因此建设穿孔旋流絮凝平流式沉淀池进行水质除氟处理、采用次氯酸钠进行水质杀菌处理。重建一片区引泉池作为取水建筑物,更换输水管道480 m将水引至下游一水厂,对水质进行除氟、消毒后放至已建的300 m³清水池里,处理后的含氟废水放至干化池自然蒸发,形成的固体废弃物移交喀什地区污水处理厂处理。更换已老化的配水主管道3 070 m,新建一片区、二片区连接配水管道430 m,采用自压向一片区、二片区配水管网进行供水。

4.工程投资

1)工程概算编制依据

本次工程概算编制采用"关于发布《水利工程设计概(估)算编制规定》的通知"(水总〔2014〕429号)、"关于印发《水利工程

表 5-3 方案比选情况

工程部分	方案一（絮凝池沉淀方案）				投资部分	方案二（反渗透方案）			
	项目名称	单位	工程量	投资（万元）		工程部分	单位	工程量	投资（万元）
水厂建设投资费用	管理房	m²	100	40.18	水厂建设投资费用	管理房	m²	90	36.00
	水质处理方案	套	1	14.35		水质处理方案	套	1	25.00
	干化池	座	1	10.56					
	合计			65.09		合计			61.00
15年运行管理费用	管理用人工资	人	1	90.00	15年运行管理费用	管理用人工资	人	1	90.00
	年运行费用	%	2	19.52		年运行费用	%	2	18.30
	设备更换	次	1	8.42		设备更换	次	1	25.00
	电费	度	985 500	39.42		电费	度	2 956 500	118.26
	合计			157.36		合计			251.56

营业税改征增值税计价依据调整办法》的通知"（办水总〔2016〕132号）、《关于调整增值税税率》的通知"（财税〔2018〕32号）等相关文件。编制年采用2018年三季度价格水平。

2）工程投资

工程总投资279.98万元，其中：建筑工程投资162.83万元，设备及安装工程47.71万元，施工临时工程18.90万元，独立费用28.64万元，基本预备费12.90万元，水土保持措施费4.60万元，环境保护措施费4.40万元。工程投资总概算情况见表5-4。

表5-4　工程投资总概算

序号	工程或费用名称	建安工程费（万元）	设备购置费（万元）	独立费用（万元）	合计
I	工程部分投资				270.98
一	第一部分:建筑工程	162.83			162.83
1	水源保护	6.05			6.05
2	引泉池工程	3.63			3.63
3	管道工程	65.72			65.72
4	水厂厂房及围墙	60.36			60.36
5	絮凝沉淀池	5.93			5.93
6	干化池	10.56			10.56
7	附属建筑物	10.58			10.58
二	第二部分:设备及安装工程	5.10	42.61		47.71
1	引泉池	0.06	0.53		0.59
2	水厂电气设备	0.54	4.50		5.04
3	水厂消毒设备	0.80	6.69		7.49
4	除氟设备(10 t/h)	0.90	7.52		8.42

续表 5-4

序号	工程或费用名称	建安工程费（万元）	设备购置费（万元）	独立费用（万元）	合计
5	厂区安防设备	1.17	9.79		10.96
6	管网设备	1.63	13.58		15.21
三	第三部分:施工临时工程	18.90			18.90
四	第四部分:独立费用			28.64	28.64
1	建设管理费			7.85	7.85
2	工程建设监理费			7.50	7.50
3	生产准备费				
4	科研勘测设计费			12.28	12.28
5	其他			1.01	1.01
	一至四部分投资合计	186.83	42.61	28.64	258.08
	基本预备费5%				12.90
	静态投资				270.98
	总投资				270.98
Ⅱ	水土保持措施费				4.60
Ⅲ	环境保护措施费				4.40
Ⅳ	工程投资合计(Ⅰ~Ⅲ)				279.98

5.2.2 莎车县饮水型氟超标防治工程

5.2.2.1 项目区基本概况

　　莎车县涉及饮水型氟超标的行政村有 5 个,分别为米夏镇亚勒古孜巴格(15)村、吉格代艾日克(16)村、克斯木其(17)村、亚尕其拉(18)村、英其开艾日克(19)村,共计 2 205 户,总人口 7 099 人,其中 5 个村为贫困村,贫困户 613 户,贫困人口 1 961 人。农牧民人均纯收入 6 020 元。项目区是以农业为主、牧业为副的农业乡镇,镇政府所在地现有小型企业面粉加工厂、棉花加工厂等,工业用水的需水量较小。

5.2.2.2 项目区供水现状

1. 项目区农村供水现状

莎车县米夏镇目前建有巴扎、恰热克、夏马力巴格三座水厂。项目区属于巴扎水厂供水范围,巴扎水厂通过阿尔斯兰巴格乡等八乡水厂供水。

米夏镇巴扎水厂为阿尔斯兰巴格乡等八乡水厂供水,水源截取叶尔羌河地下的潜流,设计供水规模 9 408.21 m^3/d,取水流量 0.11 m^3/s。截潜流段河道河床宽度 712~1 140 m,卵砾石河床,两岸由砂卵石、亚砂土组成,纵坡约为 1/238。经多年运行,由于主河床改道,水量呈逐年递减趋势,根据水厂供水记录,目前取水流量约 0.045 m^3/s。

巴扎水厂占地面积约 3 000 m^2,用砖围墙围护,水厂内值班室 50 m^2,办公室 350 m^2,水塔 50 m^2;水源为 80 m 深供水井,配套 250QJ80-60 潜水泵一台,额定流量 80 m^3/h,扬程 60 m,功率 22 kW。水厂内配套有安防监控系统。

项目区供水管网多建于 2000 年前后,2007 年阿尔斯兰巴格乡等八乡(镇)的农村饮水安全工程主要是对各乡镇主管网进行建设,将各乡镇小水厂通过供水主管道进行连通;2011 年实施的管网延伸工程对部分管道进行更换和新铺设;近两年部分新建富民安居工程采用 PE 管供水。项目区供水管道老化严重,跑水、漏水现象频繁,维修养护费用高,运行成本高。

据统计,供水工程入户率达到 95%,入户工程所采用的水表均为机械式水表。已入户的工程均为一户一表;未入户的居民主要为居住偏远的住户,其次是富民安居房、移民搬迁户和外出务工家中无人的住户,安居富民房未入户的主要是 2017 年 8 月以后建成的房屋。

根据现场调查,水厂水费收取与运行成本不成正比,处于亏损运行状态,主要原因是各住户水表为老式机械水表,执行的是先用水后交费,管理人员抄表工作量大、收缴水费费时费力,甚至存在用户只用水不交费的现象,因此采用更加先进、合理的计费水表尤为重要。

2. 项目区农村饮水安全存在的问题

1) 水源

八乡(镇)供水工程由于地表水水源水量呈逐年递减趋势,现状供水工程水源以地表水为主、地下水为辅的方式,然而地下水中氟化物含量超过生活饮水卫生标准,不宜直接饮用。为改变这一状况,莎车县欲实施河西片区 16 个乡(镇)农村饮水安全巩固提升工程,该工程水源地为叶尔羌河喀群渠首处的河水,该水源水量充足,水质良好,除洪水期浊度超标外,其余各项指标均满足人饮水水质标准,水源从水量和水质来说可靠性较高。

2) 供水需求增大

随着社会主义新农村建设,人民群众生活水平不断提高,多数家庭安装了沐浴等洗浴设施,居民对用水量的需求越来越大。八乡(镇)供水工程向米夏镇巴扎水厂供水规模为 263.56 m³/d,本次工程设计供水规模为 998.29 m³/d,供水需求日益激增,目前可供水量远不能满足供水需求。

3) 配水能力有限

项目区虽然经过几次供水工程续建,仅解决了主管道供水问题,对于村庄内部的配水管道没有进行改造,难以满足居民用水需求。

5.2.2.3　工程解决方案

1. 工程总体规模

本次实际供水 2 205 户、7 099 人,其中贫困户 613 户、贫困人口 1 961 人,牲畜数量 13 986 标准头。

根据《村镇供水工程技术规范》(SL 310—2019),生活用水指标按全日供水,户内有洗涤池和部分其他卫生设施,用水定额取 60 L/(人·d);牲畜用水量标准 5 L/(头·d)(不大于 1 万头);项目区乡镇企业用水量按生活用水量、牲畜用水量之和的 10%计算;未预见水量按最高日生活用水量、牲畜用水量、乡镇企业用水量、城镇用水量之和的 10%计算;管网漏失水量按最高日生活用水量、牲畜用水量、乡镇企业用水量、城镇用水量之和的 10%计算。设计水平年最高日供水量为 998.29 m³,配水流量 23.11 L/s。

2. 方案选择

本次饮水型氟超标防治工程供水范围为莎车县米夏镇亚勒古孜巴格(15)村、吉格代艾日克(16)村、克斯木其(17)村、亚孖其拉(18)村、英其开艾日克(19)村等 5 个村。目前采用阿斯兰巴格乡等八乡中心水厂水源作为供水水源。

2019 年,莎车县启动了《新疆喀什地区莎车县河西片区 19 个乡镇农村饮水安全巩固提升工程》,水源建设及输配水管网建设均在该项目中建设,河西水源项目建设完成后将解决水质、水量、水压问题,满足供水要求。因此,本工程不再考虑水源问题,仅对项目区配水管网进行改建。

5.2.2.4　工程投资

1. 工程概算编制依据

本次工程概算编制采用"关于发布《水利工程设计概(估)算编制规定》的通知"(水总〔2014〕429 号)、"关于印发《水利工程营业税改征增值税计价依据调整办法》的通知"(办水总〔2016〕132 号)、"关于《调整增值税税率》的通知"(财税〔2018〕32 号)等相关文件。编制年采用 2018 年三季度价格水平。

2. 工程投资

本工程总投资 560.0 万元,其中:第一部分建筑工程投资 297.15 万元,占一至四部分投资的 57.22%;第二部分设备及安装工程投资 155.57 万元,占一至四部分投资的 29.96%;第三部分施工临时工程投资 14.91 万元,占一至四部分投资的 2.87%;第四部分独立费用 51.63 万元,占一至四部分投资的 9.95%;基本预备费 25.96 万元,环境保护投资 2.04 万元,水土保持工程投资 12.74 万元。工程投资总概算情况见表 5-5。

表 5-5　工程投资总概算

序号	工程或费用名称	建安工程费（万元）	设备购置费（万元）	独立费用（万元）	合计（万元）
I	工程部分投资				545.22
一	第一部分:建筑工程	297.15			297.15
1	管网工程	162.13			162.13
2	水表及水表井改造工程	135.02			135.02
二	第二部分:设备及安装工程	10.62	144.95		155.57
1	管网工程	5.28	56.01		61.29
2	水表及水表井改造工程	5.34	88.94		94.28
三	第三部分:施工临时工程	14.91			14.91
四	第四部分:独立费用			51.63	51.63
1	建设管理费			13.36	13.36
2	工程建设监理费			16.17	16.17

续表 5-5

序号	工程或费用名称	建安工程费（万元）	设备购置费（万元）	独立费用（万元）	合计（万元）
3	生产准备费				
4	科研勘测设计费			20.00	20.00
5	其他			2.10	2.10
	一至四部分投资合计	322.68	144.95	51.63	519.26
	基本预备费 5%				25.96
	静态投资				545.22
	总投资				545.22
Ⅱ	水土保持工程投资				12.74
Ⅲ	环境保护投资				2.04
Ⅳ	工程投资合计（Ⅰ～Ⅲ）				560.00

5.2.3　沙雅县饮水型氟超标防治工程

5.2.3.1　项目区基本概况

　　沙雅县哈德墩镇和二牧场饮水型氟超标地方病防治工程涉及行政村有 7 个，总供水为 1 648 户、8 049 人。其中，哈德墩村共195 户、1 179 人（包括托乎加依村搬迁至此的 127 户、745 人）；油田一村为 506 户、2 133 人，油田二村为 615 户、2 952 人，全部为油田固定作业人口；永安村为 145 户、822 人，阿特贝希村共 187 户、963 人（包括博斯坦村搬迁至此的 125 户、660 人）。

5.2.3.2 项目区供水现状

1. 项目区农村供水现状

1) 供水水源现状

项目区目前水源为古勒巴格镇二级加压站供水水源,该水源来自沙雅县城乡供水水厂。沙雅县分别于 2011 年、2014 年先后两次进行了水源建设工程。

根据 2011 年《沙雅县城乡饮水安全水源地工程》,工程建设规模远期总供水人口 34.3 万人,其中解决农村饮水总人口 21.3 万人,解决县城供水总人口 13 万人,设计供水规模 5 万 m³/d。该工程主要建设内容为:建设水源机井 23 眼,成"一"字型布置,抽水至集水管道后汇入输水总管道,在输水管道末端建有水源管理站,水源管理站占地 70 亩(1 亩 = 1/15 hm²),分生产、工作、生活三大功能区,工作、生活区建办公楼、公寓楼及生活所需的配套设施,生产区建 2 座 6 000 m³ 的蓄水池,进水管为两套,管径为DN800 mm 的钢管,出水管为三条,分别向东区农村供水、县城供水、西区农村供水。水厂加压站布置选用离心泵 7 套,其中县城供水设 3 台离心泵,两用一备,设计流量 641 m³/h,扬程 62 m,功率132 kW。农村东部供水区设水泵 2 台,一用一备,设计流量 270 m³/h,扬程 35 m,功率 55 kW。农村西部供水区设水泵 2 台,一用一备,设计流量 350 m³/h,扬程 58 m,功率 75 kW。加压站设计长15 m、宽 10 m、净空 7.6 m,加压后供水区域分别为:西部的海楼乡、托依堡勒迪镇、沙雅监狱供水区;中部的沙雅县城、沙雅镇供水区;东部的努尔巴格乡、古勒巴格乡、新垦农场、塔里木乡、一牧场供水区。

由于近年来地下水水质、水量存在逐渐恶化的趋势,2011 年批复建设的 23 眼机井中有 16 眼出现水质超标情况,水质超标比例高达 70%,其他水厂存在净化工艺复杂、运行费用高等问题。随着沙雅县社会经济的快速发展,现有水源地已经无法满足供水量要求。沙雅县于 2014 年在新和县新建水源地,通过长距离输水至沙雅县城乡水厂来解决沙雅县供水不足的问题。

根据《沙雅县城乡供水水源地工程建设项目可行性研究报告》,水源地位于新和县依其力克乡,工程建设规模远期解决供水总人口为 36.8 万人,牲畜 48.77 万头,设计最高取水量为 6.75 万 m^3/d,年供水量为 1 895.61 万 m^3。工程主要建设内容为:新凿人饮机井 16 眼,单眼出水量 200 m^3/h,修建 5 000 m^3 清水池 1 座,配套加压站 1 座和管径为 ϕ 1 000 的输水管线 31.55 km;配套 10 kV 供电线路 9.64 km,自动化设备 1 套。

2) 输水管现状

根据《阿克苏地区沙雅县古勒巴格等三乡两场饮水安全改扩建工程实施方案》,城乡供水水源水厂至古勒巴格二级加压站已建管道 66.01 km,从水源地至项目区已铺设输水管道 24.4 km,其中 ϕ 400 管段长度 10.5 km, ϕ 315 管段长度 13.9 km。

古勒巴格二级加压站出来后分为四支,其中一支向东至新垦农场,一支向北至英阿克艾日克,一支向西南方向至古勒巴格集镇水厂,一支向南铺设至塔里木乡水厂蓄水池。古勒巴格二级加压站至塔里木乡加压站已建管道总长 ϕ 42.31 km,其中古勒巴格二级加压站至草原站 26.70 km(管径 ϕ 315 为 9 km、管径 ϕ 200 为 17.7 km),草原站至塔里木乡加压站 15.6 km,管径为 ϕ 200。

3) 水厂现状

古勒巴格二级加压站已建有 60 m^2 泵房 1 座,240 m^2 管理站房 1 座,15.8 m^2 值班室 1 座,砖砌围墙 210 m,1 000 m^3 蓄水池 1 座,配有离心泵 6 台,变频恒压供水装置 2 台,125 kVA 变压器 1 台。

草原站加压站已建有管理站房 1 座,值班室 1 座,泵房 1 座,1 000 m^3 蓄水池 1 座,配有离心泵 3 台。

塔里木乡加压站已建有管理站房 1 座,值班室 1 座,泵房 1

座,150 m³ 蓄水池 1 座,100 m³ 蓄水池 1 座,配有离心泵 2 台。

4)项目区供水现状

哈德墩镇历史上行政区域划分隶属于古勒巴格乡,由于该区域地处塔里木河以南距沙雅县城较远,且人口较少,村民居住相对分散,在此区域进行人饮改水工程投资较大且实施起来较为困难。因此,在实施三乡两场饮水安全改扩建工程时未将此区域列入建设计划。哈德墩镇居民一直以来都是依靠自己打井开采浅层地下水来解决人饮问题,该区域水质较差,矿化度可达 2.0 g/L 以上,氟化物为 1.89 mg/L,属于典型氟超标饮水区,需进行水处理,才能满足饮水安全要求。

2. 项目区农村饮水安全存在问题

(1)缺少专项资金。饮水型氟超标防治工作主要依靠农村饮水安全工程投资,没有专项资金支持。

(2)地处偏远,居民居住相对分散。此区域进行人饮改水工程投资较大且实施起来较为困难。

(3)水质保障能力有待提高。由于居民长期开采地下水,水源水质日趋恶化,水质不符合供水标准。

5.2.3.3 工程解决方案

1. 工程总体规模

本次工程供水 1 648 户、8 049 人,牲畜数量 17 784 标准头。

根据《村镇供水工程技术规范》(SL 310—2019),生活用水指标按全日供水,户内有洗涤池和部分其他卫生设施,用水定额取 80 L/(人·d)[油田一村、油田二村为 40 L/(人·d)];牲畜用水量标准 10 L/(头·d)(不大于 1 万头);未预见水量按最高日生活用水量、牲畜用水量、乡镇企业用水量、城镇用水量之和的 10%计算;管网漏失水量按最高日生活用水量、牲畜用水量、乡镇企业用水量、城镇用水量之和的 10%计算。设计水平年最高日供水量为 991.93 m³,输水流量 13.78 L/s。

2. 方案选择

1) 地下水处理方案

本方案在哈德墩镇新增水源供水井、新建水厂及水处理设备，经水处理设备处理后进入水厂新建 400 m^3 蓄水池，最后通过加压，利用新建配水管道向哈德墩镇的七个村供水。

2) 塔里木乡水厂供水水源方案

对塔里木乡供水设施扩容后，从该加压站后新铺输水管道 26.462 km 至哈德墩镇，在哈德墩镇新建水厂及 400 m^3 蓄水池 1 座，再次加压后给各村进行供水。

3) 草原站加压站供水水源方案

对草原站供水设施扩容后，从该加压站后新铺输水管道 15.613 km 至塔里木乡水厂，在塔里木乡水厂新建 400 m^3 蓄水池 1 座，经再次加压后通过新建 26.462 km 的输水管道至哈德墩镇；并在哈德墩镇新建水厂及 400 m^3 蓄水池 1 座，通过该水厂加压后给各村进行供水。

4) 古勒巴格二级加压站供水水源方案(推荐方案)

在古勒巴格二级加压站新建 400 m^3 蓄水池 1 座与该站现有 1 000 m^3 蓄水池连通，新建泵站后开始铺设输水管道，管道向东南沿乡道铺设 24.638 km 至草原站，新建 400 m^3 蓄水池 1 座，再次加压后继续向东南铺设 15.613 km 至塔里木乡供水站，新建 400 m^3 蓄水池 1 座，经三次加压后继续向东南铺设 26.462 km 最后至哈德墩镇，管道总长 66.713 km，管径为 ϕ 200~315。在哈德墩镇新建加压站 1 座，新建 400 m^3 蓄水池 1 座。最后由哈德墩镇加压站通过新建配水管网向七个村供水。

3. 水源方案比选

1) 地下水处理方案

依据《新疆沙雅县地下水资源开发利用规划报告》，塔里木河两岸的地下水是天然植被存活的唯一水源，该区域为绿洲向沙漠的过渡带或沙漠的边缘地区,富水程度可达中等,但水质较差,矿化度可达 2.0 g/L 以上;南部地区,因其下游地带有大片天然胡杨林尚须特殊保护,故其地下水亦不宜开采。同时,经水质化验,地下水中氟化物含量 1.43 mg/L、硫酸盐含量 336 mg/L,需进行水处理后才能满足饮水安全要求。

2)塔里木乡水厂供水水源方案

塔里木乡水厂水源来自古勒巴格二级加压站,根据古勒巴格二级加压站运行情况,2018 年 4~8 月向塔里木乡方向供水量为 2 364 m³/d。根据"三乡两场"设计,古勒巴格二级加压站向塔里木乡方向管道设计流量为 28.24 L/s,每天供水量为 2 439.94 m³。但由于该条输水管道修建时间较长,经过长期运行,设备老化、阀门井锈蚀及部分管道堵塞等问题较为严重,造成塔里木乡现状供水较为困难,只能采取分时段、分片区进行供水。如果采用塔里木乡加压站为此次项目供水水源,需水量为 3 431.87 m³/d,大于实际可供水量 2 364 m³/d。因此,该水源难以满足本次设计要求。

3)草原站加压站供水水源方案

草原站加压站水源来自古勒巴格二级加压站,是输向塔里木乡的中间站,水源与方案二为同一水源,不再赘述,该水源难以满足本次设计要求。

4)古勒巴格二级加压站供水水源方案(推荐方案)

2011 年,沙雅县实施了古勒巴格等三乡两场饮水安全改扩建工程,该工程利用当年已建成的城乡水厂通过管道将水送至古勒巴格二级加压站,并在该站修建了 1 000 m³ 蓄水池 1 座。通过该水厂向周边乡镇供水。该水源为城乡供水水源,城乡供水水源设计解决沙雅县城乡总人口 34.34 万人,设计供水规模 50 145.9 m³/d,水源地选在沙雅总干渠 5 号闸与 7 号闸相对应的东部 1 km 左右的沙雅河东岸,水源机井在沙雅河东岸和沙雅冬灌渠之间成条带分布,共建有机井 23 眼,单井出水量为 125 m³/h,开采规模为

5.08×10^4 m³/d,开采量为 $1\,853 \times 10^4$ m³/a。

2014 年在新和县新建水源地人饮机井 16 眼,单眼出水量 200 m³/h,工程建设规模远期解决供水总人口为 36.8 万人,牲畜数量为 48.77 万头,设计日最高取水量为 6.75 万 m³,年供水量为 1 895.61 万 m³。

城乡水厂每年给农村的供水水量为 800 万 m³,沙雅县农村从城乡水厂引水的乡镇现有红旗镇、海楼乡、托依堡镇、盖孜库木乡、古力巴格乡、努尔巴克乡、塔里木乡、新垦农场、一牧场及沙雅监狱,总用水量 19 750 m³/d,年引取水量 720.875 万 m³。本次哈德墩镇新增用水量约 991.93 m³/d,年新增用水量 36.21 万 m³,总计 757.08 万 m³,小于可供水量 800 万 m³,是满足要求的。

水质经化验,满足饮水安全要求。

4. 供水设施条件比选

1)地下水处理方案

根据水量计算,本项目最高用水量约 991.93 m³/d,依据水质情况,产水率按 50% 设计,每天需要供水量 1 984 m³,塔河沿岸单井出水量为 80 m³/h,水处理设备工作 20 h,则要求水源供水量为 99.2 m³/h,考虑备用井需要新增供水井 2 眼,井泵房 2×30 m²,变压器 2 套,10 kV 输电线路 1.0 km,单井按间距 500 m 设计,井距为 1.0 km,这样沿塔河防洪堤布设管径为 DN160 mm 的汇水管道并连接到已建输水管,需新增输水管长 1.0 km。另外,还需在哈德墩镇新增 50 t/h 水处理设备 1 套、200 m² 水处理车间 1 套、400 m³ 蓄水池 1 座。

2)塔里木乡水厂供水水源方案

该方案需在塔里木乡水厂新建 400 m³ 蓄水池 1 座和加压泵房 1 座、新铺设 26.462 km 输水管道至哈尔墩镇,并在哈德墩镇新建加压站 1 座、400 m³ 蓄水池 1 座,最终通过哈德墩镇加压站向各村供水。

3)草原站加压站供水水源方案

该方案需在草原站新建 400 m³ 蓄水池 1 座和加压泵房 1 座,从该加压站后新铺输水管道 15.613 km 至塔里木乡水厂,在塔里木乡水厂新建 400 m³ 蓄水池 1 座,经再次加压后通过新建输水管道 26.462 km 至哈德墩镇;并在哈德墩镇新建水厂及 400 m³ 蓄水池 1 座,通过该水厂加压后给各村进行供水。

4)古勒巴格二级加压站供水水源方案(推荐方案)

由于在古勒巴格二级加压站新建 400 m³ 蓄水池 1 座与该站现有 1 000 m³ 蓄水池连通,新建泵站后需要输水管道 24.638 km 至草原站加压站,在草原站加压站新建 400 m³ 蓄水池 1 座和加压泵房 1 座,再次加压后需要输水管道 15.613 km 至塔里木乡供水站,新建 400 m³ 蓄水池 1 座和加压泵房 1 座,经三次加压后通过输水管道 26.462 km 后至哈德墩镇,所需管道总长 66.713 km。在哈德墩镇新建加压站 1 座,新建 400 m³ 蓄水池 1 座。最后,由哈德墩镇加压站通过新建配水管网向七个村供水。

5.工程投资比选

1)地下水处理方案

该方案优点为:工程总投资较少;工程施工内容少,施工进度快;反渗透设备出水水质安全,能够去除水中各种有害杂质,可达到 90%~99% 的过滤效果;出水口感好,可降低水的硬度,煮水后容器不产生水垢。

该方案缺点为:沙雅县运行管理技术不成熟,缺少反渗透运行管理专业技术人员,特别是水处理设备一旦出现故障,可能导致停水时间较长,影响供水保证率。

受水质和温度变化的影响,对反渗透的要求也较高。项目区地下水补给来源于塔里木河,受河道洪水的影响变化较大,反渗透设备适应性差,塔里木河沿岸第一师灌区、沙雅县盖孜库木乡、二牧场、轮台县轮南镇、尉犁县最终都舍弃了水处理设备,改为远距离调水方案。

设备运行复杂,需经常进行反冲洗,每年更换滤膜,后期维护费用高。同时,设备产生的废水多,纯水与废水比可达 1∶1,产生的废水排放易造成环境污染。

2) 塔里木乡水厂供水水源方案

该方案优点为:施工条件较好,施工较为方便;工程投资较少,年运行费较低。

该方案缺点为:水源水量不足,供水不畅,达不到需水要求,供水保证率低;后期运行维修较为困难。

3) 草原站加压站供水水源方案

该方案优点为:工程运行管理较为方便;施工条件较好,施工较为方便。

该方案缺点为:水源水量不足,供水不畅,达不到需水要求,供水保证率低;后期运行维修较为困难。

4) 古勒巴格二级加压站供水水源方案(推荐方案)

该方案优点为:工程运行效果好,供水保证率高,水质好;可满足沙雅县城乡一体化供水要求,为项目区长远发展提供水量保障;可彻底解决项目区饮水型氟超标问题。

该方案缺点为:工程投资较高,运行费用较高;管线较长,建设内容较多,工期较长。

6. 工程总体布置

在古勒巴格二级加压站新建 400 m³ 蓄水池 1 座与该站现有 1 000 m³ 蓄水池连通,新建泵站 1 座,从新建泵站开始铺设输水管道,管道向东南沿乡道铺设 24.638 km 至草原站加压站,在草原站新建 400 m³ 蓄水池 1 座与已建水池连通,加压泵房 1 座,经再次加压后继续向东南铺设 15.613 km 至塔里木乡水厂,在塔里木乡水厂新建 400 m³ 蓄水池 1 座与已建水池连通,加压泵房 1 座,经三次加压后继续向东南铺设 26.462 km 最后至哈德墩镇,在哈德墩镇新建加压站 1 座、新建 400 m³ 蓄水池 1 座、新建管理房 1 座、收费大厅 1 座,哈德墩镇加压站通过三条管线向永安村、阿特贝希村(包含博斯坦村)、哈德墩村(包含托乎加依村、油田一村及油田二村)7 个村供水。

其中,一条管线向坐落于哈德墩镇的永安村配水;另一条向东铺设 32.416 km 输水管道至哈德墩村,并在哈德墩村新建加压站 1 座、200 m³ 蓄水池 1 座,通过该站向哈德墩村(包含托乎加依村、油田一村及油田二村)配水;最后一条向西铺设 18.026 km 输水管道至阿特贝希村,并在阿特贝希村新建加压站 1 座、100 m³ 蓄水池 1 座,通过该加压站向阿特贝希村(包含博斯坦村)配水。

5.2.3.4 工程投资

1. 工程概算编制依据

本次工程概算编制采用"关于发布《水利工程设计概(估)算编制规定》的通知"(水总〔2014〕429 号)、"关于印发《水利工程营业税改征增值税计价依据调整办法》的通知"(办水总〔2016〕132 号)、"关于《调整增值税税率》的通知"(财税〔2018〕32 号)等相关文件。编制年采用 2018 年三季度价格水平。

2. 工程投资

工程总投资 2 780.15 万元。其中:建筑工程投资 774.03 万元;机电设备及安装工程投资 229.94 万元;管件、管材及安装工程投资 1 273.67 万元;入户工程投资 78.17 万元;临时工程投资 78.61 万元;独立费用投资 166.83 万元;基本预备费为 130.06 万元;环境保护工程静态投资 15.58 万元;水土保持工程静态投资 33.26 万元。工程投资总概算情况见表 5-6。

表 5-6　工程投资总概算

序号	工程或费用名称	建安工程费(万元)	设备购置费(万元)	独立费(万元)	合计(万元)	占一至六部分投资合计比例(%)
I	工程部分投资				2 731.31	
一	第一部分:建筑工程	774.03			774.03	29.76
1	古勒巴格至草原站(24.638 km)	140.18			140.18	
2	草原站至塔里木乡(15.613 km)	96.77			96.77	
3	塔里木乡至哈德墩镇(26.462 km)	205.61			205.61	
4	哈德墩镇至哈德墩村(32.416 km)	251.50			251.50	
5	哈德墩镇至阿特贝希村	79.97			79.97	
二	第二部分:机电设备及安装工程	12.16	217.78		229.94	8.84
1	古勒巴格至草原站(24.638 km)	2.08	13.82		15.90	
2	草原站至塔里木乡(15.613 km)	2.08	13.82		15.90	
3	塔里木乡至哈德墩镇(26.462 km)	2.45	16.32		18.77	
4	哈德墩镇至哈德墩村(32.416 km)	4.01	26.72		30.73	
5	哈德墩镇至阿特贝希村	1.54	10.27		11.81	
6	自动化控制工程		136.83		136.83	
三	第三部分:管件、管材及安装工程	115.94	1 157.73		1 273.67	48.96
1	古勒巴格至草原站(24.638 km)	45.17	451.34		496.51	
2	草原站至塔里木乡(15.613 km)	18.52	184.84		203.36	
3	塔里木乡至哈德墩镇(26.462 km)	20.10	200.72		220.82	

续表 5-6

序号	工程或费用名称	建安工程费(万元)	设备购置费(万元)	独立费(万元)	合计(万元)	占一至五部分投资合计比例(%)
4	哈德墩镇至哈德墩村(32.416 km)	26.24	262.14		288.38	
5	哈德墩镇至阿特贝希村	5.91	58.69		64.60	
四	第四部分:入户工程	29.84	48.33		78.17	3.01
1	建筑工程	25.06			25.06	
2	管材及户表井工程	4.78	48.33		53.11	
五	第五部分:施工临时工程	78.61			78.61	3.02
六	第六部分:独立费用			166.83	166.83	6.41
七	一至六部分投资合计				2 601.25	100.00
八	基本预备费(5%)				130.06	
九	静态投资				2 731.31	
Ⅱ	建设征地移民补偿投资					
Ⅲ	环境保护工程静态投资				15.58	
Ⅳ	水土保持工程静态投资				33.26	
Ⅴ	工程投资总计(Ⅰ~Ⅳ)				2 780.15	

5.2.4　温泉县饮水型氟超标防治工程

5.2.4.1　项目区基本概况

温泉县辖三镇二乡及二个国营农牧场,共 7 个乡(镇、场),(安格里格镇、博格达尔镇、哈日布呼镇、呼和托哈种畜场、查干屯格乡、扎勒木特乡、昆得仑牧场),92 个村队。博格达尔镇在温泉县县城,由温泉县中心水厂供水。截至 2017 年末全县总人口 6.48 万人,农村人口 3.74 万人。本次调查氟超标饮水水源涉及温泉县 3 个乡(镇、场)(查干屯格乡、扎勒木特乡、昆得仑牧场)的 5 个已建水厂、17 个村队、2 个乡镇生活区共 1.025 万人,占农村总人口的 27.41%,占全县总人口的 15.82%。

5.2.4.2　项目区饮水现状

1. 供水水源现状

目前项目区已建水厂 5 座,建设于 1997~2012 年,供水范围涉及 3 个乡(镇、场)共 17 个行政村及 2 个乡(镇、场)生活区人口 10 253 人,水源均为地下水,机电井 5 眼,正常运行 4 眼、带病运行 1 眼,带病运行的为扎勒木特乡蔡克尔特队水厂的机电井。

目前,机电井单井出水量 35~120 m³/h,机井动水位 20~35 m,静水位 75~120 m。水源通过高位压力钢罐向各项目区自供水,水厂均无消毒设施。各水源水质含氟量均超标,其 2013~2018 年水厂水质氟化物检测结果见表 5-7。项目区供水水源情况及机井参数见表 5-8。

表 5-7　2013~2018 年水厂水质氟化物检测结果

序号	乡(场)名称	水厂名称	水源	氟化物(mg/L)					
				2013年	2014年	2015年	2016年	2017年	2018年
1	扎勒木特乡	蔡克尔特队水厂	地下水					1.8	1.6
2	昆得仑牧场	昆场场部水厂							1.6
3	查干屯格乡	吐尔根村中心水厂		1.6	1.7	1.7		1.8	1.7
4		呼斯塔村水厂						2.8	2.8
5		厄日格特村水厂		1.8			1.8	1.9	1.9

表 5-8　项目区供水水源情况及机井参数

乡(场)名称	水厂名称	村队	水厂建设时间	水源	机井建设时间	井深(m)	动水位(m)	静水位(m)	设计供水流量(m³/h)	机井出水情况	供水建筑物	供水形式	供水消毒设施	水质存在问题	自动化情况	供水保证率
扎勒木特乡	蔡克尔特队水厂	蔡克尔特队	1997年	地下水	1997年	168	135	120	30	带病	2000年 50 m³ 钢水罐	自压	无	氟超标		75%
昆得仑牧场	昆场部水厂	昆得仑队及场部 / 浩图呼尔队 / 蔡克尔特队 / 呼吉尔图牧队 / 呼吉尔图农队	2012年	地下水	2012年	180	160	145	80	较好	100 m³ 钢水罐	自压	无消毒设备,有除氟设备	氟超标		95%

续表 5-8

乡(场)名称	水厂名称	村队	水厂建设时间	水源	机井建设时间	井深(m)	动水位(m)	静水位(m)	设计供水流量(m³/h)	机井出水情况	供水建筑物	供水形式	消毒设施	水质存在问题	自动化情况	供水保证率
查干屯格乡	查干吐尔根村中心水厂	吐尔根村	2014年	地下水	1998年下	118	90	80	80	较好	2009年 250 m³ 钢水罐	水泵加压 自压	无	氟超标	设置有安防设备及自动化监测设备	95%
		孟克图布呼村														
		乌兰洪夏尔村														
		查干屯格村														
		查干乡政府														
		塔斯哈村														
		查干苏达布村														

续表 5-8

乡(场)名称	水厂名称	村队	水厂建设时间	水源	机井建设时间	井深(m)	动水位(m)	静水位(m)	设计供水流量(m³/h)	机井出水情况	供水建筑物	供水形式	消毒设施	水质存在问题	自动化情况	供水保证率
	库斯台村水厂	库斯台村	2000年	地下水	2000年	108			50	较好	2014年50 m³钢水罐	自压	无	氟超标		95%
查干屯格乡	厄日格特村水厂	厄日格特村	2012年	地下水	2012年	128	95	75	120	较好	2001年250 m³钢水罐	自压	无	氟超标	设置有安防设备及自动化监测设备	95%
		莫托停浩图村														
		苏达布浩特浩尔村														
		努哈浩秀村														

2. 供水管网现状

项目区内管网始建于 1997~2017 年,铺设管网 68.09 km,基本为 PVC 管,管径 DN40~DN160,压力 0.4~0.8 MPa。

随着农村经济发展、生活水平提高,生活用水量不断增加,居民目前最高用水定额已达到 60~100 L/(人·d);早期建设的配水管网已不能适应目前日趋增大的供水需求。各村也曾多方筹集资金进行更换、修补,但随着时间的推移,已无力承担,迫切需要专项资金支援,以改善用水条件。经调查,项目区管网损坏率为 5%~40%,管网渗漏损失率为 10%~33%,导致部分村户供水压力小,供水量不足,经常断水。

3. 入户情况

项目区共计 3 426 户,截至目前尚有 284 户管道没有入户,还有 576 户住户未安装水表。经调查统计,已安装水表的村队由于天气、住户冬季搬迁、管理不到位等原因,导致分水器及水表损坏严重;且每个月需要抄表计量水量,工作量巨大,而且抄表时容易产生误差,进而与用水户之间产生矛盾。因此,项目区迫切需要提高管理设施,将现有机械式水表更换为 IC 卡式预付费水表,以减少工作人员工作量,提高水量计量准确度,提供更好的供用水服务。项目区供水管网情况见表 5-9。

4. 管理现状

1) 扎勒木特乡蔡克尔特队水厂

村队自行管护,没有正式管理人员,义务工兼职管理,未发放工资,水费按有无牲畜收取方式,每年 200~300 元/户。

2) 昆得仑牧场场部水厂

目前共 3 个管理人员,1 个正式,2 个非正式,水费每年按 60 元/人收取。

3) 查干屯格乡吐尔根中心水厂

管理人员共 6 人,3 个正式,3 个非正式,水费 3.0 元/m³。

表 5-9 项目区供水管网情况

乡(场)名称	水厂名称	村队	管材	修建时间	管网损坏率	管网渗漏率	存在问题	设计人口(人)	未入户量(户)	未装水表数(户)
扎勒木特乡	蔡克尔特队	蔡克尔特队	PVC	2011 年 2018 年			村队扩大规模,管道随着修建改造,PVC 管冻坏^严重;分水器损坏较^严重;水表均已损坏拆除	434		173
昆得仑牧场	昆场场部水厂	昆得仑队及场部	PVC	1997 年 2012 年改造主管	30%~40%	35%~45%	未改造巷道管道老化损坏^严重;分水器冻坏较^严重;水表损坏^严重,大部分已拆除	2 192	66	185
		浩图呼尔队								
		蔡克尔特队								
		呼吉尔图牧队								
		呼吉尔图农队								
查干屯格尔乡	查乡吐尔根村中心水厂	吐尔根村	PVC+PE	2002 年 2016 年	10%~20%	10%~25%	查干苏达布村养殖队管道由于质量差,时间长,爆管^严重,分水器漏水^严重	4 104	75	75
		孟克图布呼村	PVC	2002 年						
		乌兰洪夏尔村	PE	2014 年						
		查干屯格尔村	PVC	2001 年 2003 年						
		查乡政府								
		塔斯尔哈村								
		查干苏达布村								

续表 5-9

乡（场）名称	水厂名称	村队	管材	修建时间	管网损坏率	管网渗漏率	存在问题	设计人口（人）	未入户量（户）	未装水表数（户）
	库斯台村水厂	库斯台村	PVC	1998年 2001年 2003年 2004年 2012年	15%~25%	20%~30%	村队扩大规模，管道随着修建改造，压力不均，管道损坏较多	480	80	80
查干屯格乡	查干厄日格特村水厂	厄日格特村 莫托停浩图村 苏达布浩特浩尔村	PVC	2012年	5%~10%	10%~18%	分水器漏水严重	3 043		63
		努哈浩秀村	PE	2016年					63	
合计								10 253	284	576

4)查干屯格乡库斯台村水厂

目前没有正式管理人员,非正式管理人员 1 人,水费 3.0 元/m³。

5)查干屯格乡厄日格特村水厂

管理人员共 2 人,2 个非正式,水费 3.6 元/m³。

5.2.4.3 工程解决方案

1.工程设计规模

本工程共覆盖 17 个行政村、2 个乡镇生活区,合计 3 426 户,农村总人口 10 253 人。项目区村队均为贫困村,1 337 个贫困户,贫困人口 2 999 人。本工程共完成入户 3 426 户,其中解决未通水居民 284 户。本工程供水管网按照 15 年发展规模设计,根据《村镇供水工程技术规范》(SL 310—2019),供水规模为 2 118.11 m³/d,年均供水量 77.31 万 m³,工程类型为Ⅲ型。

2.供水方案

1)温泉县供排水公司水厂井水

温泉县供排水公司水厂高程 1 398 m,项目区最高点为昆得仑分水厂,高程 1 277 m。新建供水主管道 1 条,顺主管线沿线依次分别向 4 个现有分水厂供水,再由 4 个分水厂向各村队及镇区供水。工程采用加压+重力自压的方式供水。

输水路线为:温泉县水厂机井→水厂清水池→消毒设备→输水主管→配水管→用水户,输水流量为 176.51 m³/h。输水主管道从水源点 0+000 处开始向东北项目区布设,穿过博河后(桩号 9+550~9+750),从西向东依次布置在各项目区北侧较高处,再从输水主管道依次向各分水厂布设管道供水。输水主管道在桩号 20+604 处布置主管道至昆得仑牧场场部水厂,在桩号 28+331 处布置主管道至查干屯格乡吐尔根中心水厂,在桩号 31+827 处布置主管道至查干屯格乡库斯台村水厂,在桩号 42+265 处从输水主管道布置主干管至查干屯格乡厄日格特布呼村已有的水厂。

输水主管道总长 49.43 km,沿线布置减压池 4 座、检查井 5 座、分水井 5 座、进排气阀 65 座,穿河道 2 处、穿公路 22 处、光缆 4 处。

2) 博河上游水源

在农五师 88 团哈达尔海 4 级水电站前池设首部工程取水,高程 1 368 m,通过管道将水引至新建 0.25 万 t 水厂,水厂高程 1 356 m。新建供水主管道一条,沿新建供水主管道依次分别向 4 个现有分水厂供水,再由 4 个分水厂向各村队及镇区供水。工程采用重力自压的方式供水。

输水路线为:博河上游渠首首部→水厂清水池→消毒设备→输水主管→配水管→用水户,输水流量为 176.51 m³/h。

输水主管道从水源点 0+000 处开始向东布设,管线在省道 304 线北边约 15 m 内布设至扎乡蔡克尔特队路口折向北,到扎乡蔡克尔特队向东依次布置在各项目区北侧较高处,再从输水主管道依次向各分水厂布设管道供水。输水主管道在桩号 17+868 处布置主管道至昆得仑牧场场部厂,在桩号 25+595 处布置主管道至查干屯格乡吐尔根中心水厂,在桩号 29+091 处布置主管道至查干屯格乡库斯台村水厂,在桩号 33+664 处布置主管道至查干屯格乡库斯台老村,用水泵加压为其供水,在桩号 39+529 处从输水主管道布置主干管至查干屯格乡厄日格特布呼村已有的水厂。

输水主管道总长 46.04 km,沿线布置减压池 4 座、检查井 5 座、分水井 5 座、进排气阀 62 座,穿河道 1 处、穿公路 16 处、光缆 4 处。

3) 阿尔夏提水库水源

在阿尔夏提水库坝后新建引水首部,高程为 1 164 m,通过 600 m 的 DN315 管道将水引至新建 0.25 万 t 水厂,水厂高程 1 152 m;再新建供水主管道 1 条,沿主管线依次向 4 个现有分水厂供水;最后由 4 个分水厂向各村队及镇区供水。工程采用重力自压+三级泵站加压的方式供水。

输水路线为:阿尔夏提水库坝后引水首部→水厂清水池→消毒设备→输水主管→三级加压泵站→配水管→用水户,输水流量为 176.51 m³/h。

输水主管道从水厂 0+000 处开始向南布设,至闹哈浩秀村后管线折向西,在省道 304 线北边约 15 m 内布设,向西依次布置在各项目区北侧较高处,再从输水主管道桩号 18+699 处设一级加压泵站,水泵扬程为 100 m,在桩号 29+767 处(查干屯格乡中心水厂)设二级加压泵站,水泵扬程 80 m,在桩号 33+430 处设三级泵站,水泵扬程 80 m,依次向各分水厂布设管道供水。输水主管道总长 37.16 km,沿线布置减压池 1 座、检查井 5 座、分水井 5 座、进排气阀 55 座、加压泵站 3 座、穿河道 2 处、穿公路 16 处、光缆 8 处。

4)鄂托克赛尔水库水源

在鄂托克赛尔水库坝后新建引水首部,高程 1 254 m,通过 DN315 管道将水引至新建 0.25 万 t 水厂,水厂高程 1 241 m;再新建供水主管道两条,一条向 1 个现有分水厂供水,另一条依次向 3 个分水厂供水,再由 4 个分水厂向各村队及镇区供水。工程采用重力自压+2 级泵站加压的方式供水。

输水路线为:鄂托克赛尔水库坝后引水首部→水厂清水池→消毒设备→输水主管→3 级加压泵站→配水管→用水户,输水流量为 176.51 m³/h。

输水主管道从水厂 0+000 处开始向北布设,管道穿越博河 2.4 km 后管道分为向西北、向东两条管线,向西依次布置在各项目区北侧较高处,再从输水主管道桩号 28+336 处(查干屯格乡中心水厂)设一级加压泵站,水泵扬程 80 m,在桩号 32+303 处设二级加压泵站,水泵扬程 80 m。管道向东沿省道 314 线北 15 m 内布设至阔哈浩秀村。输水主管道总长 40.76 km,沿线布置减压池 1 座、检查井 5 座、分水井 5 座、进排气阀 58 座,加压泵站 2 座,穿河道 3 处、穿公路 21 处、光缆 6 处。

3. 方案比选

通过工程线路距离、沿线施工条件、工程运行管理、工程投资等因素进行综合比较,方案一工程投资 5 856.0 万元,较方案二少 110.72 万元,较方案三少 228.79 万元,较方案四少 269.17 万元;方案一年运行成本 76.75 万元,较方案二少 68.95 万元,较方案三少 74.73 万元,较方案四少 66.78 万元;工程成本水价方案一最低为 3.44 元/m²。温泉县北线三个乡(镇、场)饮水型氟超标工程方案比选见表 5-10,工程方案投资见表 5-11,工程运行成本见表 5-12。

综上,方案一优于其他方案,本次工程设计推荐方案一,即温泉县供排水公司水厂水源方案。

4. 工程总体布置

本工程供水范围为扎勒木特乡、昆得仑牧场、查干屯格乡共 17 个村队及 2 个乡(镇、场)生活区,共 5 个分水厂。

1) 水源及总水厂

本次工程在已建供水水源工程的基础上,新建 500 m³ 清水池 1 座,自压向项目区供水,总水厂利用温泉县城供排水公司现有水厂。

2) 分水厂

5 个分水厂中有 3 个由于水源保护、压力等问题需在原水厂北侧重建,分别为扎勒木特乡蔡克尔特水厂、昆得仑牧场场部水厂、查干屯格乡吐尔根中心水厂。另外,查乡厄日格特水厂、库斯台水厂保留原址。

3) 输配水管道

各乡镇供水区充分利用已有输配水管网,并按设计水量及管道情况复核现状管网,利用乡镇原有管网向用水户供水。输水主

表 5-10　温泉县北线三乡镇（场）饮水型氟超标工程方案比选

类别	方案一（温泉县供排水公司水厂井水）	方案二（博河上游水源）	方案三（阿尔夏提水库水源）	方案四（鄂托克赛尔水库水源）
水源类型	地下水	地表水	地表水	地表
供水方式	该水源高程 1 398 m，可控制整个项目区，采用机井提水+重力流供水，输水主干管总长 49.43 km，采用 PE100 级 DN315/DN250 管材	该水源高程 1 368 m，可控制整个项目区，采用重力流供水，输水主干管总长 46.6 km，采用 PE100 级 DN315/DN250 管材	该水源高程 1 152 m，可控制查干屯格乡厄日格特布呼村水厂控制片区，扎勒木特乡、昆场片区采用三级泵站加压供水，查干屯格乡中心水厂采用一级泵站加压供水，采用重力流+泵站加压，输水主干管总长 37.16 km，采用 PE100 级 DN315/DN250 管材	该水源高程 1 141 m，可控制查干屯格乡厄日格特布呼村水厂控制片区，扎勒木特乡、昆场片区采用二级泵站加压供水，查干屯格乡中心水厂采用一级泵站加压供水，采用重力流+泵站加压，输水主干管总长 40.76 km，采用 PE100 级 DN315/DN250 管材

续表 5-10

类别	方案一(温泉县供排水公司水厂井水)	方案二(博河上游水源)	方案三(阿尔夏提水库水源)	方案四(鄂托克赛尔水库水源)
水处理方式	清水池消毒处理+用水户	地表水水厂水质处理	地表水水厂水质处理+扬水泵站+用水户	地表水水厂水质处理+扬水泵站+用水户
工程总投资	5 856万元	5 966.72万元	6 084.79万元	6 125.17万元
年运行成本	76.75万元	145.70万元	151.48万元	143.53万元
单方成本水价	3.44元	4.70元	4.83元	4.71元
推荐次序	1	2	4	3

表 5-11　温泉县北线三个乡(镇、场)饮水型氟超标工程方案投资

(单位:万元)

序号	工程或费用名称	方案一	方案二	方案三	方案四
Ⅰ	工程部分投资	2 856.30	3 109.70	3 379.10	4 285.40
一	第一部分:建筑工程	1 545.99	1 374.55	1 644.88	370
1	总水厂引水首部工程		60	120	120
2	总水厂工程	131	250	250	250
3	主管道工程	1 414.99	1 064.55	1 274.88	
二	第二部分:机电设备及安装工程	379.36	472	472	2 586.64
1	总水厂引水首部工程		24	24	24
2	总水厂工程	181.36	250	250	250
3	主管道工程				2 114.64
4	自动化监测设备	198	198	198	198
三	第三部分:金属结构及安装工程		185	185	185
1	总水厂引水首部工程		60	60	60
2	总水厂工程		125	125	125
四	第四部分:施工临时工程	305.59	292.23	269.33	285.31
1	施工导流工程	13.73	13.73	13.73	13.73
2	施工交通工程	147.00	140.09	111.49	122.28
3	施工房屋建筑工程	69.32	66.90	69.04	70.99
4	其他施工临时工程	75.54	71.51	75.07	78.31

续表 5-11

序号	工程或费用名称	方案一	方案二	方案三	方案四
五	第五部分:独立费用	497.92	637.86	647.01	654.42
1	建设管理费	86.00	120.13	126.12	131.56
2	工程建设监理费	102.64	130.61	131.45	131.97
3	生产准备费				
4	科研勘测设计费	288.29	359.17	361.28	362.60
5	其他费用	20.99	27.95	28.16	28.29
	一至五部分投资合计	2 728.86	2 961.64	3 218.22	4 081.37
	基本预备费(5%)	136.44	148.08	160.91	204.07
	静态投资	2 865.30	3 109.70	3 379.10	4 285.40
II	建设征地移民补偿投资	276.14	289.94	284.09	285.51
III	环境保护部分投资	19.31	22.42	22.79	22.90
IV	水土保持部分投资	141.10	149.50	151.92	152.68
VI	工程投资总计(I~IV合计)	3 301.90	3 571.60	3 837.90	4 746.50
	静态总投资				
	价差预备费				
	建设期融资利息				
	总投资				
	比选结果	1	2	3	4

表 5-12　温泉县北线三个乡(镇、场)饮水型氟超标工程运行成本

序号	工程或费用名称	单位	方案一	方案二	方案三	方案四
1	年折旧费	万元	127.63	133.79	135.78	136.46
2	维护修理费	万元	30.54	30.60	29.86	28.69
3	工资福利费	万元	33.60	33.60	33.60	33.60
4	材料燃料动力费	万元	7.53	37.27	40.37	37.14
①	水厂处理水费用	万元		29.74	29.74	29.74
②	一级泵站燃料动力费	万元	7.53	7.53	5.75	4.96
③	二级泵站燃料动力费	万元			2.44	2.44
④	三级泵站燃料动力费	万元			2.44	
5	药剂费	万元	1.49	1.49	1.49	1.49
6	其他费用	万元	3.58	5.48	5.79	5.47
7	总成本费用(1~6 之和)	万元	204.37	242.23	246.89	242.85
8	年用水量	万 m³	59.47	59.47	59.47	59.47
9	年运行费	万元	76.75	145.70	151.48	143.53
10	单方水成本	元/m³	3.44	4.70	4.83	4.71
11	固定资产	万元	4 411.48	5 245.15	5 344.60	5 378.63
12	预测水价	元/m³	3.25	4.56	4.70	4.78
	比选结果		推荐方案			

注:年用水量为 59.47 万 m³。

管道采用 PE100 级 DN315、DN250 的 PE 管。

　4)输水管线布置

　　新建供水主管道,分别向 4 个现有分水厂供水,再由 4 个分水厂向各村队、镇区供水。

管网布置采用树枝状形式。输水主管道从水源点 0+000 处开始向东北项目区布设,穿过博河后(桩号 9+550~9+750),从西向东依次布置在各项目区北侧较高处,再从输水主管道依次向各分水厂布设管道供水。输水主管道在桩号 20+604 处布置主管道至昆得仑牧场场部厂,在桩号 28+331 处布置主管道至查干屯格乡吐尔根中心水厂,在桩号 31+827 处布置主管道至查干屯格乡库斯台村水厂,在桩号 34+600 处布置主管道至查干屯格乡库斯台老村,用水泵加压为其供水,在桩号 42+265 处从输水主管道布置主干管至查干屯格乡厄日格特布呼村已有的水厂。输水主管道沿线布置减压池、检查井、分水井、进排气阀,穿河道、公路、光缆处做相应处理。

各分水厂根据地形现状、道路现状、居民点稠密程度等,主干管道沿道路一侧布置,支管道沿各巷道一侧布置到每个居民点。管网根据居民的多少,有双侧配水、单侧配水管道。

5. 主要建设内容

1)水源

新建 500 m^3 清水池 1 座,新建管理房 1 座,建筑面积为 159.01 m^2。

2)分水厂

新建昆得仑牧场场部水厂、查干屯格乡吐尔根中心水厂,各分水厂面积分别为 2 200 m^2,新建院墙 190 m、管理房 159.01 m^2、清水池 150 m^3。

3)管网

新建输水主管道 49.43 km,为 DN315、DN250 的 PE 管。

4)建筑物

输水主管道沿线新建减压池 4 处、检查井 5 座、分水井 5 座、进排气阀井 65 座,穿河道 2 处,穿山洪沟 27 处,穿公路 22 处,穿光缆 4 处,穿渠系 18 处。

5.2.4.4 工程投资

1. 工程概算编制依据

本次工程概算编制采用"关于发布《水利工程设计概(估)算编制规定》的通知"(水总〔2014〕429号)、"关于印发《水利工程营业税改征增值税计价依据调整办法》的通知"(办水总〔2016〕132号)、"关于《调整增值税税率》的通知"(财税〔2018〕32号)等相关文件。编制年采用2018年三季度价格水平。

2. 工程投资

本工程总投资5 856.09万元。其中:建筑工程投资1 699.17万元;设备及安装工程投资2 741.58万元;施工临时工程投资222.66万元;独立费用498.06万元;基本预备费258.07万元;建设征地移民补偿投资276.14万元,环境保护工程投资19.31万元,水土保持工程投资141.10万元。工程投资总概算情况见表5-13。

表5-13 工程投资总概算

序号	工程或费用名称	建安工程费(万元)	设备购置费(万元)	独立费用(万元)	合计(万元)	占一至五部分投资合计比例(%)
Ⅰ	工程部分投资				5 419.54	
一	第一部分:建筑工程	1 699.17			1 699.17	32.92
1	总水厂工程	131.00			131.00	
2	主管道工程	1 288.33			1 288.33	
3	昆得仑牧场输配水管网工程	126.66			126.66	
4	查干屯格乡输配水管网工程	153.18			153.18	
二	第二部分:设备及安装工程	351.81	2 389.77		2 741.58	53.12
1	总水厂工程	14.17	167.19		181.36	
2	主管道工程	307.77	1 944.24		2 252.01	

续表 5-13

序号	工程或费用名称	建安工程费（万元）	设备购置费（万元）	独立费用（万元）	合计（万元）	占一至五部分投资合计比例(%)
3	昆得仑牧场输配水管网工程	4.09	40.04		44.13	
4	查干屯格乡输配水管网工程	7.78	58.30		66.08	
5	自动化监测设备	18.00	180.00		198.00	
三	第三部分：金属结构及安装工程					
四	第四部分：施工临时工程	222.66			222.66	4.31
1	施工导流工程	13.73			13.73	
2	施工交通工程	102.90			102.90	
3	施工房屋建筑工程	54.76			54.76	
4	其他施工临时工程	51.27			51.27	
五	第五部分：独立费用			498.06	498.06	9.65
1	建设管理费			86.14	86.14	
2	工程建设监理费			102.64	102.64	
3	生产准备费					
4	科研勘测设计费			288.29	288.29	
5	其他费用			20.99	20.99	
	一至五部分投资合计	2 273.64	2 389.77	498.06	5 161.47	100.00
	基本预备费(5%)				258.07	
	静态投资				5 419.54	

续表 5-13

序号	工程或费用名称	建安工程费（万元）	设备购置费（万元）	独立费用（万元）	合计（万元）	占一至五部分投资合计比例(%)
Ⅱ	建设征地移民补偿投资				276.14	
Ⅲ	环境保护工程投资				19.31	
Ⅳ	水土保持工程投资				141.10	
Ⅵ	工程投资总计（Ⅰ~Ⅳ合计）				5 856.09	
	静态总投资				5 856.09	
	价差预备费					
	建设期融资利息					
	总投资				5 856.09	

5.2.5　阿勒泰市饮水型氟超标防治工程

5.2.5.1　项目区基本概况

阿勒泰市地处阿尔泰山南麓、准格尔盆地北缘,位于东经 86°53′~88°37′、北纬 47°27′~48°38′,东南与福海县毗邻,西与布尔津县接壤,西南一隅与吉木乃县交界,北面与蒙古人民共和国接壤。阿勒泰市是阿勒泰地区政治、经济、文化中心。阿勒泰市公路交通较为便利,可通过 216 国道连接北屯、富蕴县、阜康市直达乌鲁木齐,也可通过 217 国道与布尔津县、克拉玛依市、奎屯市、独山子直达南疆库车。

本工程涉及阿勒泰市萨尔胡松乡库尔尕克托干村,位于切木尔切克镇东北约 6.0 km 处,国道 217 线穿乡而过,行政区域 1 960 km^2。

5.2.5.2　项目区供水现状

1.供水现状

本项目解决库尔朵克托干村三个队的饮水问题,现状 215 户、768 人,牲畜 3 840 头。目前三个队均无集中供水设施,村民靠手压井解决饮水问题。

2.饮水安全存在的问题

根据水质化验报告,库尔朵克托干村三个队氟化物均超标,大于 1.5 mg/L。其中,一队(东)氟化物含量为 2.20 mg/L,二队(北)氟化物含量为 3.20 mg/L,三队(南)氟化物含量为 3.20 mg/L。

3.工程建设情况

本项目设计库尔朵克托干村位于切木尔切克镇西南面约 6.0 km 处,距离库尔朵克托干村最近的村庄为阿克克勒希村。目前,阿克克勒希村管网已经建设完成,水源为阿勒泰市城市自来水。原则上本项目可以直接接阿克克勒希村管网,但是切木尔切克镇至阿克克勒希村之间管道管径为 DN75,若本项目直接接阿克克勒希村管网,则加入本项目水量后此部分管径太小,无法满足设计要求。

本项目直接在切木尔切克镇至森塔斯村之间的管网上接入,在阿克克勒希村附近预留分水口接入阿克克勒希村内已建管网改善阿克克勒希村供水,飞机场至切木尔切克镇至森塔斯村之间的管网于 2016 年建设完成,且在建设的时候考虑了周围村庄用水。飞机场至切木尔切克镇直接管道长 10.7 km,桩号 0+000~6+256 的管径为 DN315,桩号 6+256~10+700 的管径为 DN250。切木尔切克镇至森塔斯村之间的管道长 4.514 km,管径为 DN200。本项目直接在切木尔切克镇至森塔斯村之间的桩号 1+372 处的 DN200 管道上接入。

5.2.5.3 工程解决方案

1. 工程总体规模

本项目设计阿勒泰市萨尔胡松乡库尔尕克托干村安全饮水工程规划水平年人口总计 1 344 人,牲畜 6 720 头,水厂总供水量为 151.32 m³/d,输水管设计流量为 12.61 m³/h。此部分水量已纳入"阿勒泰市城市管网延伸及周边乡镇 43 个村饮水安全巩固提升工程"。

2. 工程方案

项目区可选择水源有克兰河水和项目区地下水,具体情况如下。

1)克兰河水

克兰河是额尔齐斯河的一级支流。水系较发育,阿勒泰水文站处多年平均径流量 6.335 亿 m³。大、小克兰河均发源于阿尔泰山脉断裂带,汇合后称克兰河,水源为冰山融水,河床起伏不平,延伸方向与岩层走向和地质构造线方向近于垂直,河流横穿褶皱轴和断层线。河床由原生基岩、乱石、卵石共同组成,河段岩层软硬交替,河床纵坡陡,坡度变化大,河床水流深浅变化也较大,沿程峡谷段与开阔段相间,平面形态复杂,河岸线极不规则,两岸与河心有巨石突出,急弯卡口比比皆是。河床岩石裸露,纵坡比降陡峻,呈阶梯形,在落差集中处伴有陡坡跌水,汇流时间短,径流系数大,河水猛涨猛落,年内洪峰变幅大。克兰河中、下游河道纵坡小,水流流速较小,但由于河岸介质分布不均匀,土质软硬交替,在水流作用下,河曲较多,且曲率大小不一,流态紊乱。

2)项目区地下水

该片区地下水类型分为基岩裂隙水和第四系孔隙潜水。

基岩裂隙水分布于工程区以北的中低山区内,主要靠大气降水补给,中、低山区接受大气降水补给的水量较少。受地形控制,有限的基岩裂隙水向河流汇集,径流强度受风化程度、构造等因素影响,风化层内的裂隙水透水性不稳定,总体含量较贫乏,裂隙水含量较少。基岩裂隙水常年补给孔隙潜水。

孔隙潜水主要沿切木尔切克河河谷分布,河谷内冲积砂卵砾石层为透水性好的含水层,含水层厚 3.0~5.0 m。高出河水面的一级堆积阶地也有少量的地下水,其水位高于河水位,常年补给河水。二级阶地和远离河谷地带的山前洪积扇地下水补给贫乏,埋藏较深,储量有限。

3)方案选择

目前,项目区二级阶地和远离河谷地带的山前洪积扇地下水补给贫乏,埋藏较深,储量有限。因此,项目区地下水量、水质均无法满足人饮要求,故选择地表水作为项目区的供水水源。另外,距离项目区直线距离 6 km 处的切木尔切克镇已建饮水管网,水源为阿勒泰市城市自来水,管道建设过程中考虑周围村庄的需水量。

3.工程总体布置

本次工程设计库尔尕克托干村位于切木尔切克镇西南面约6.0 km 处,同时飞机场至切木尔切克镇、切木尔切克镇至森塔斯村的管道已建设完成。根据已建管网布置情况,本次最近接入点位于切木尔切克镇至森塔斯村之间,在切木尔切克镇至森塔斯村之间的管网建设过程中已为周围村庄预留分水口。

管道接入后穿过 G217 国道通向库尔尕克托干村,在桩号0+953 处为阿克克勒希村预留分水口,改善阿克克勒希村 576 人的饮水问题。本次设计管道全部采用 PE 管,接入点至阿克克勒希村分水口之间管长 953 m,管径 DN200。阿克克勒希村分水口至库尔尕克托干村一队(东)之间的管长 4 546 m,管径 DN110;库尔尕克托干村一队(东)至二队(北)之间的管长 2 013 m,管径DN110;库尔尕克托干村二队(北)至三队(南)之间的管长 2 894

m,管径 DN110。

5.2.5.4　工程投资

1.工程概算编制依据

本次工程概算编制采用"关于发布《水利工程设计概(估)算编制规定》的通知"(水总[2014]429号)、"关于印发《水利工程营业税改征增值税计价依据调整办法》的通知"(办水总[2016]132号)、"关于《调整增值税税率》的通知"(财税[2018]32号)等相关文件。编制年采用 2018 年三季度价格水平。

2.工程投资

工程总投资 1 068.99 万元,其中建筑工程 521.21 万元;机电设备及安装工程 383.55 万元;临时工程 10.68 万元;独立费用100.46 万元;基本预备费 50.79 万元;水土保持投资 1.30 万元;环境保护投资 1.00 万元。工程投资总概算情况见表 5-14。

表 5-14　工程投资总概算

序号	工程或费用名称	建安工程费(万元)	设备购置费(万元)	独立费用(万元)	合计(万元)	占一至五部分合计比例(%)
I	工程部分				1 066.69	
一	第一部分:建筑工程	521.21			521.21	51.31
1	管沟工程	429.71			429.71	
2	检查井工程	13.74			13.74	
3	交叉建筑物工程	56.24			56.24	
4	入户工程	21.52			21.52	
二	第二部分:机电设备及安装工程	8.02	375.53		383.55	37.75

续表 5-14

序号	工程或费用名称	建安工程费（万元）	设备购置费（万元）	独立费用（万元）	合计（万元）	占一至五部分合计比例(%)
1	管沟工程	5.41	298.28		303.69	
2	检查井工程					
3	交叉建筑物工程					
4	入户工程	2.61	77.25		79.86	
三	第三部分:金属结构设备及安装工程					
四	第四部分:施工临时工程	10.68			10.68	1.05
五	第五部分:独立费用			100.46	100.46	9.89
1	建设管理费			18.90	18.90	
2	工程建设监理费			21.27	21.27	
3	联合试运转费					
4	生产准备费			3.88	3.88	
5	科研勘测设计费			52.29	52.29	
6	其他			4.12	4.12	
	一至五部分合计	539.91	375.53	100.46	1 015.90	100.00
II	预备费				50.79	
	基本预备费				50.79	
III	入户工程					
IV	水土保持投资				1.30	
V	环境保护投资				1.00	
VI	工程投资总计				1 068.99	

5.2.6 吉木乃县饮水型氟超标防治工程

5.2.6.1 项目区基本概况

吉木乃县是一个以牧业为主的国家级贫困县,下辖 3 乡 4 镇 1 个农牧团场共 41 个行政村,全县总人口 3.7 万人,由哈萨克族、汉族、维吾尔族等 16 个民族组成。农村人口 1.93 万人,占全县总人口的 48.97%。

本次供水范围为吉木乃县恰勒什海乡阿合木扎村、库尔吉村、达冷海齐村和青年牧场定居点,统称为吉木乃县恰勒什海乡农村饮水安全工程,总人口 3 550 人。

5.2.6.2 项目区供水现状

1. 供水现状

根据《吉木乃县恰勒什海乡农村饮水安全工程初步设计报告》,项目区在 2013 年饮水安全工程建设中已完成投入使用,工程总投资 402.40 万元,主要建设内容包括:素混凝土截渗墙 1 座,DN600 玻璃钢渗管 40 m、连接管 5 m,集水井 1 座,100 m³ 高位水池 1 座,消毒间 1 座,管理站房 1 座,水厂 1 座,消毒设备 1 套,安防系统 1 套,水质化验设备 1 套,输配水管线总长 32.035 km(其中,输水管道长 12.826 km,配水管道长 19.209 km,管材选用 UPVC 管),检查井 36 座,交叉建筑物 9 座。

由于资金原因,仅完成部分工程,具体情况如下:水源建设全部完成,包括素混凝土截渗墙 1 座,DN600 玻璃钢渗管 40 m、连接管 5 m,集水井 1 座;管网建设全部完成,输配水管线总长 32.035 km,检查井 36 座,交叉建筑物 9 座。水厂内仅完成 100 m³ 高位水池的建设,但未完成铁丝网防护,安防设备、水质化验设备、消毒设备均未安装。

阿合木扎村、库尔吉村和达冷海齐村全部完成入户,青年牧场定居点完成 1 280 人的入户,还有 160 户、720 人未入户。

2. 饮水安全存在的问题

（1）根据水质监测报告，已建水源中氟化物含量为 1.93 mg/L。

（2）水厂高位水池运行正常，但未安装水处理设备、消毒设备，水质净化能力不高。

（3）项目区已入户的供水正常，但仍有 160 户未实现供水入户。

（4）已建高位水池附近有 40 户在设计时未考虑，无法自压供水。

5.2.6.3 工程解决方案

1. 工程总体规模

该供水工程现状水平年人口 3 550 人，牲畜 14 200 头。规划水平年人口 4 246 人，牲畜 14 853 头，供水量为 416.17 m^3/d，输水管设计流量为 17.38 m^3/h，为 V 型供水工程。

2. 工程方案

本工程水源为克孜勒喀英水库，已建设完成，不予考虑。本工程在原建设内容的基础上将水厂迁移到南侧山岗上，满足已建高位水池附近 40 户人口的用水需求；同时，新建水厂、高位水池，配套消毒设备、一体化水处理设备及除氟设备等，增加安防设备和自动化系统设备，补充入户。管网布置维持原状，呈树枝状分布。

工程水源点在克孜勒喀英恰特溪 2.5 km 处的出山口，新建截渗墙、集水井，经滤料过滤后输至水厂高位水池调节后，通过管网配水到项目区，利用重力流自压方式供水。

由于农牧民居住较为分散，布置管线结合项目区地形、居民点分布情况，沿现有道路或规划道路布置，尽量避免穿越腐蚀性地段。向村镇输水时，分水点下游干管和分水支管上设置检修阀。

工程已建输水管线在桩号 12+320 位置处接新建管线向南通向山岗上，总长 1.1 km，新建配水管线沿着输水管线走向在同一个管沟内铺设，并在原输水管线桩号 12+320 位置处与其连接，继续输水至已建高位水池后向项目区供水,同时在桩号 12+320 位置处为 40 个用水户分水。

5.2.6.4 工程投资

1. 工程概算编制依据

本次工程概算编制采用"关于发布《水利工程设计概(估)算编制规定》的通知"(水总〔2014〕429 号)、"关于印发《水利工程营业税改征增值税计价依据调整办法》的通知"(办水总〔2016〕132 号)、"关于《调整增值税税率》的通知"(财税〔2018〕32 号)等相关文件。编制年采用 2018 年三季度价格水平。

2. 工程投资

本工程总投资 591.38 万元,其中:建筑工程 232.84 万,机电设备及安装工程 271.72 万元,施工临时工程 6.47 万元,独立费用 59.83 万元,基本预备费 17.13 万元,水土保持投资 2.00 万元,环境保护投资 1.39 万元。工程投资总概算情况见表 5-15。

表 5-15 工程投资总概算

序号	工程或费用名称	建安工程费(万元)	设备购置费(万元)	独立费用(万元)	合计(万元)	占一至五部分合计比例(%)
Ⅰ	工程部分				587.99	
一	第一部分:建筑工程	232.84			232.84	40.79
1	管道工程	19.52			19.52	
2	高位水池工程	19.58			19.58	
3	水厂配套工程	134.35			134.35	
4	入户工程	59.39			59.39	
二	第二部分:机电设备及安装工程	25.80	245.92		271.72	47.60

续表 5-15

序号	工程或费用名称	建安工程费（万元）	设备购置费（万元）	独立费用（万元）	合计（万元）	占一至五部分合计比例（%）
1	管道工程	3.69	24.82		28.51	
2	高位水池工程					
3	水厂配套工程	20.64	206.38		227.02	
4	入户工程	1.47	14.72		16.19	
三	第三部分:金属结构设备及安装工程					
四	第四部分:施工临时工程	6.47			6.47	1.13
五	第五部分:独立费用			59.83	59.83	10.48
1	建设管理费			11.13	11.13	
2	工程建设监理费			12.90	12.90	
3	联合试运转费					
4	生产准备费			2.28	2.28	
5	科研勘测设计费			31.22	31.22	
6	其他			2.30	2.30	
	一至五部分合计	265.11	245.92	59.83	570.86	100.00
	预备费				17.13	
	基本预备费				17.13	
	总投资				587.99	
Ⅱ	水土保持投资				2.00	
Ⅲ	环境保护投资				1.39	
Ⅳ	工程投资总计				591.38	

5.2.7 布尔津县饮水型氟超标防治工程

5.2.7.1 项目区基本概况

布尔津县下辖 5 乡 2 镇 82 个行政村 6 个社区,总人口 7.28 万人,由哈萨克族、汉族、回族、蒙古族等 21 个民族组成。2017 年末,全县总人口 7.28 万人,其中汉族占总人口的 30.03%,其他民族人口占总人口的 69.97%。2017 年末,全县农村人口 5.26 万人,占全县总人口的 72.25%。

本次调查布尔津县窝依莫克镇、也格孜托别乡 4 眼已建机井,覆盖 3 个行政村、4 个村队,涉及人口 730 户、2 067 人,占农村总人口的 3.9%,占全县总人口的 2.8%。饮水型氟超标到村情况统计见表 5-16。

表 5-16 布尔津县饮水型氟超标到村情况统计

乡(镇)	行政村	队	氟超标未改水情况			改水后氟含量仍大于 1.5 mg/L 的工程			未能正常运行原因
			户数(户)	人口数(人)	氟含量(mg/L)	户数(户)	人口数(人)	氟含量(mg/L)	
窝依莫克镇	库尔木斯村	库尔木斯村四队				122	350	1.55	水质不达标
		库尔木斯村五队				120	346	1.74	
	克孜勒喀巴克村	克孜勒喀巴克村				303	878	2.69	
	江格孜塔勒村	江格孜塔勒村一队				185	493	2.11	
合计						730	2 067		

根据水质化验报告,项目区 3 处水源均存在氟超标问题,2018 年供水水厂水源氟检测含量在 1.5~2.2 mg/L,均大于 1.5 mg/L,水质不达标严重影响当地居民的身心健康、生活质量,牙齿黄、缺

齿、骨质疏松等地方病凸显,影响正常劳作。

5.2.7.2　项目区供水现状

1. 农村供水现状

根据《布尔津县窝依莫克镇、也格孜托别乡饮水型氟超标防治工程初步设计报告》,本项目区共包括 1 乡 2 镇 21 个行政村 1 个牧民定居点,涉及 3 298 户、12 488 人。2005～2018 年利用国家资金建成大规模集中连片供水工程 1 项,即"布尔津县窝依莫克镇、也格孜托别乡阿勒吐外提村等 18 个村饮水安全工程",单村单井(机井)供水工程 24 项,覆盖 27 个居民点(村、队),建设完成大口井 1 座、机井 24 眼。

工程运行过程中,布尔津河水位下降导致大口井出水量不足,高位水池所处位置高程太低,导致下游供水水压不足,管网破损严重,导致无法正常供水。仅能满足供也格孜托别乡乡直、窝依莫克镇镇直、窝依莫克镇也格孜托别村、阿勒吐拜(二队)和通克村(高地)5 个居民点用水需求,实际供水量约 290 m^3/d。

布尔津县相关部门积极申请财政资金、"访惠聚"资金、民宗委资金等,已陆续解决完成 18 个村的供水不正常问题,全部采用机电井方式抽取地下水,未形成集中连片的供水模式。

本项目解决的 3 个行政村属于上述 24 项工程中的 4 项,包括 4 眼机井建设、管网布置等。

2. 农村饮水安全存在的问题

根据水质监测报告,项目区库尔木斯村四队、库尔木斯村五队、江格孜塔勒村一队、克孜勒喀巴克村、江阿拉孓什村、阿克别依特村、窝依阔克别克村五队、喀拉加尔村二队、窝依阔克别克村六队、喀拉加尔村一队、克孜勒喀巴克村三角地、江阿塔勒村和吉迭勒村等 13 个村(队)氟化物超标,涉及人口 4 629 人。

本项目解决的 3 个行政村(4 个村、队)也包含在内,共涉及 730 户、2 067 人,水源情况见表 5-17。

表 5-17 项目区供水水源情况

序号	行政村	队	截至2017年底户数(户)	截至2017年底各自然村人口数(人)	牲畜(头)	备注	水源运行情况	机井坐标 N	机井坐标 E	建井时间(年)	供水管井管径(mm)	孔深(m)	涌水量[m³/(h·m)]	年抽水量(万m³)	静水位埋深(m)	动水位埋深(m)	水位降深(m)	氟化物(mg/L)
1	库尔木斯村	库尔木斯村四队	122	350	1 750	单村单井供水	运行正常,但氟化物超标	47°52′36″	86°57′17″	2016	325	74	2.73	1.45	15.0	17.0	11	1.55
2		库尔木斯村五队	120	346	1 730			47°52′16″	86°56′04″	2016	325	94	3.75	1.44	9.0	31.0	8	1.74

续表 5-17

序号	行政村	队	截至2017年底户数(户)	截至2017年底各自然村人口数(人)	牲畜(头)	备注	水源 运行情况	机井坐标 N	机井坐标 E	建井时间(年)	供水管井管径(mm)	孔深(m)	涌水量[m³/(h·m)]	年抽水量(万m³)	静水位埋深(m)	动水位埋深(m)	水位降深(m)	氟化物(mg/L)
3	江格孜塔勒村	江格孜塔勒村一队	185	493	2 465	单村单井供水	运行正常，但氟化物超标（水源机井）	47°51'23"	86°54'37"	2013	325	80	2.14	1.93	17.0	12.5	14	2.11
4	克孜勒喀巴克村	克孜勒喀巴克村	303	878	4 276			47°51'03"	86°52'21"	2014	325	106	3.33	3.62	16.0	12.3	9	2.69

项目区目前已建供水管网 241. 543 km,其中带病运行 27. 176 km,已报废 32. 10 km,正常使用 182. 267 km。根据管网情况,本次工程除 10. 05 km 的主干管外,其余全部更换。为节省投资,本次工程新建主管道在已建主管道的基础上裁弯取直,在桩号 6+300 处与已建管道平行布置,到达二节点后利用三通与分干管连接。项目区管网情况统计见表 5-18。

表 5-18 项目区管网情况

序号	部位	规格	长度(m)	管材类型	设计人口(人)	修建时间(年)	管网损坏率	未入户量(户)	未安装水表数量(户)	运行情况	利用情况
1	库尔木斯村四队	DN90-32	3 480	PE	350	2016	约2%	0	0	正常运行	利用
2	库尔木斯村五队	DN90-32	2 100	PE	346	2016		0	0		
3	江格孜塔勒村一队	DN90-32	3 360	PE	878	2013		0	0		
4	克孜勒喀巴克村	DN160-32	9 840	PE	493	2014		0	0		

5.2.7.3　工程解决方案

1. 工程总体规模

本工程在解决库尔木斯村四队、库尔木斯村五队、江格孜塔勒村一队和克孜勒喀巴克村4个村(队)氟超标问题的同时,带动周围19个行政村、1个牧民定居点的用水需求,现状年涉及人口12 488人,牲畜62 140头,规划水平年人口14 935人,牲畜64 996头,总供水量1 638.35 m³/d,设计流量88.47 m³/h,为Ⅲ型供水工程。

2. 工程方案

目前,项目区可选择水源有布尔津河水和地下水,具体情况如下。

1)布尔津河水

布尔津河水径流补给主要依靠山区降雪融化,径流年内分配不均,年际变化不大。根据布尔津河群库勒水文站实测径流资料分析可知,年径流量丰枯比达2.41,最丰年为1969年,径流量为63.48亿m³,最枯年为1982年,径流量为26.36亿m³;实测最大流量为1 720 m³/s(1969年5月30日),最小流量为4.7 m³/s(1984年2月20日)。5~8月径流量占全年径流量的76.91%,10月至翌年3月径流量占全年的12.76%,4~9月径流量占全年的10.33%。

根据《额尔齐斯河流域地表水资源分析评价报告》等相关资料,将布尔津县境内各河流的年径流量资料插补延长至2012年。其中,无实测年径流量资料或资料年限较短的河流采用群库勒水文站作为参证站,采用长短系列订正法或径流深等值线法将其延长至2012年,然后借用参证站的年径流量统计参数推算不同保证率年径流量。布尔津河不同保证率年径流量统计情况见表5-19。

表 5-19 布尔津河不同保证率年径流量统计

河名	站名	控制点坐标		流域面积 (km²)	多年平均年径流量 (亿 m³)	不同保证率年径流量 (亿 m³)		
		东经	北纬			p=75%	p=90%	p=95%
布尔津河	群库勒水文站	87°08′	48°06′	8 422	43.19	36.14	31.05	28.07
	出山口水文站	87°10′	47°51′	9 389	43.97	36.79	31.61	28.58

2）地下水

项目区地下水主要以布尔津河灌区补给及山前基岩裂隙水补给为主。项目区含水层为砂卵砾石地层，含水层厚度 15~30 m，灌溉期埋深 2~5 m，非灌溉期埋深 4~8 m，水力坡度 1‰~3‰。各片区地下水资源量、可开采量等情况见表 5-20。

表 5-20 各改水片区地下水量计算

名称	面积 (km²)	含水层平均厚度 (m)	给水度	地下水资源量 (万 m³)	可开采量 (万 m³)
窝依莫克镇	300	10	0.26	78 000	23 400
也格孜托别乡	200	10	0.26	52 000	15 600
合计	500			130 000	39 000

3）方案对比

根据水质监测报告，项目区地下水质无法满足饮用要求，仅能采用布尔津河水作为水源。因此，在解决库尔木斯村四队、库尔木斯村五队、江格孜塔勒村一队和克孜勒喀巴克村氟超标问题的同时，带动周围 19 个行政村、1 个牧民定居点，形成大统一供水格局。

为达到自压供水目的，在布尔津河出山口下游一坝两渠西侧的山岗上新建水厂，水源地选在现状 18 个村水源位置和一坝两渠上游位置,布尔津河一坝两渠上游在一坝两渠的截流下水量更充沛,位置较高,可实现全程自压供水。取水口位置在现状取水口的基础上再向上延伸 400 m,输水管道沿河道右岸布置,根据抽水试验,测算现状水源位置水量可满足设计要求。因此,本次设计方案为:在布尔津河西岸已建水源位置上游新建大口井取水,后加压至西侧台地上,再自压向项目区供水。

水源方案比选见表 5-21。根据表中各项指标对比结果,方案二采用布尔津河水,水源保证率高,水质优,水量足,管网布设施工难度小,工程建成后运行管理方便,故选择方案二为本次设计方案。

3. 主要建设内容

(1)新建大口井 1 座,外径 4.4 m,内径 4.0 m,井壁厚 0.2 m,井深 6.2 m。

(2)新建砖混结构泵房 1 座,长、宽、高分别为 4.6 m、3.6 m、2.5 m,新增潜水泵 2 台,1 备 1 用,水泵型号 250QJ100-18/1,扬程 18 m,功率 7.5 kW,安装 0.4 kV 低压水泵一体化启动柜 1 面,2 台 9.2 kW 变频器安装于同一柜内。

(3)水源、水厂位置新增安防设施 1 套。

(4)从大口井到水厂高位水池需铺设 Dg300 钢管 230 m,管道压力 0.6 MPa。

(5)新建面积 2 800 m² 的水厂 1 座,水厂内新建 700 m³ 高位水池 1 座;新建消毒间 1 座,长、宽、高分别为 3.6 m、4.0 m、3.28 m;280 m² 管理站房 1 座,主要包括办公室、中控室、食堂、卫生间、宿舍等;新增 DEXF-L-200 型消毒设备 1 台;水厂道路硬化面积 1 212 m²;安防设施 1 套。

(6)本工程利用原有管道 18.78 km,新建及改造输配水管道 41.78 km,输水管为 Dg300 钢管,配水管选用 DN400-DN32 型 PE 管,管径 160 mm 以上工作压力 0.6 MPa,管径 160 mm 及以下工作压力 0.8 MPa,新建检查井 34 座,穿越柏油路 9 次,穿越渠道 6 次。

表5-21 水源方案比选

序号	方案	方案一：项目区地下水	方案二：布尔津河河水	比选结果
1	水量	水量充足	水量充足	均优
2	水质	库尔木斯村四队、库尔木斯村五队、江格孜塔勒村一队、克孜勒喀巴克村等13个村队铁锰超标；江格孜塔勒村二队、喀拉加尔村一队铁、硫酸盐超标；喀拉加尔村一队锌、硫酸盐超标；完成消毒需二次加压	各项指标符合生活饮用水卫生标准，可在高位水池前完成消毒	方案二优

方案三 主要建筑物投资估算：

方案一（水源及水厂）

部位	名称	单位	数量	单价（元）	投资（万元）
水源及水厂	机井	眼	6	165 000	99.00
	泵房	座	6	24 800	14.88
	动力设备（机井需要二次加压）	套	6	400 000	240.00
	安防设施	套	33	50 000	165.00
	水处理设备	套	11	200 000	220.00
	消毒间	座	33	19 440	64.15
	消毒设备	套	33	30 000	99.00
	清水池（50 m²）	座	33	80 000	264.00
	小计				1 166.03

方案二

名称	单位	数量	单价（元）	投资（万元）
大口井	座	1	260 000	26.00
泵房	座	1	24 800	2.48
动力设备	套	1	250 000	25.00
消毒设备	套	1	90 000	9.00
高位水池	座	1	760 000	76.00
水厂配套设施	座	1	230 000	23.00
安防设施	套	1	170 000	17.00
小计				178.48

比选结果：方案一优

续表 5-21

序号	方案	名称	方案一：项目区地下水 单位	数量	单价	投资/万元	方案二：布尔津河河水 单位	数量	单价	投资/万元	比选结果
3	主要建筑物、管网工程、投资估算	Dg300 钢管	m	0	447.17	0	m	230	447.172	10.28	方案一优
		DN400PE 管	m	0	745.43	0	m	9 000	745.43	670.89	
		DN200PE 管	m	0	186.77	0	m	15 500	186.77	289.49	
		DN160PE 管	m	0	117.57	0	m	21 700	117.57	255.13	
		DN110PE 管	m	0	55.35	0	m	17 750	55.35	98.25	
		DN90PE 管	m	2 330	37.27	8.68	m	23 700	37.27	88.33	
		DN50PE 管	m	3 615	11.57	4.18	m	5 415	11.57	6.27	
		DN32PE 管	m	12 681	4.72	5.99	m	12 681	4.72	5.99	
		配套管件	套	1	71 991.14	7.20	套	1	589 017.72	58.90	
		土方开挖	m³	124 561.38	3.48	43.35	m³	738 515.63	3.48	257.00	
		人工回填筛分土	m³	14 900.80	19.47	29.01	m³	44 381.43	19.47	86.41	
		机械回填原土	m³	109 660.58	3.65	40.03	m³	694 134.20	3.65	253.36	
		检查井	座	17	3 500	5.95	座	82	3 500	28.70	
		管道穿路	次	2	56 000	11.2	次	13	56 000	72.80	
		管道穿渠	次				次	9	46 000	41.40	
		管道加压泵房					m²	21.6	1 800	3.89	
		管道加压动力设备					套	2	220 000	44.00	
		小计				155.59				2 271.09	

续表 5-21

序号	方案		方案一：项目区地下水					方案二：布尔津河水					比选结果
			名称	单位	数量	单价	金额	名称	单位	数量	单价	金额	
3	主要建筑物投资估算	水源保护投资	围栏	m	42 704	200.00	854.08	围栏	m	200	200.00	4.00	
			水源保护标志牌	个	34	1 200.00	4.08	水源保护标志牌	个	4	1 200.00	0.48	
								保护界桩	块	52	400.00	2.08	
		小计					858.16					6.56	
		主体工程总投资					2 179.78					2 456.13	
		估算总投资					2 724.72					3 070.14	方案二优
4	运行费用估算	年运行费用	用电	kW·h	1 195 740	0.35	41.85	用电	kW·h	78 840	0.35	2.76	
			滤料（水处理设备）	次	10 000	0.33	0.33						
		15年运行费用	用电	kW·h	17 936 100	0.35	627.76	用电	kW·h	1 182 600	0.35	41.39	方案二优

续表 5-21

序号	方案	方案一:项目区地下水	方案二:布尔津河河水	比选结果
5	建设运行费用合计(万元)	3 394.66	3 114.29	方案二优
6	技术工艺	机井-水泵-恒压变频器-管网-用户,控制复杂	大口井-清水池-管网-用户,控制简单	方案二优
7	供水方式	加压+变频供水	自压供水	方案二优
8	施工条件	安装水平技术	要求高技术成熟,难度小,施工方便	方案二优
9	运行管理	运行费用高,管理不便	运行费用低,管理方便	方案二优
10	综合评价	水源水质较差,水量比较充足,管线较短,工程投资相对较低。工程建成后运行管理不方便,供水保证率较低,运行费用高	水源水质较好,水量充足,管线较长,工程投资相对较高。工程建成后运行管理方便,供水可靠性高,运行费用较低	方案二为推荐方案

5.2.7.4　工程投资

1.工程概算编制依据

本次工程概算编制采用"关于发布《水利工程设计概(估)算编制规定》的通知"(水总〔2014〕429号)、"关于印发《水利工程营业税改征增值税计价依据调整办法》的通知"(办水总〔2016〕132号)、"关于《调整增值税税率》的通知"(财税〔2018〕32号)等相关文件。编制年采用2018年三季度价格水平。

2.工程投资

本工程总投资1 896.69万元,其中:建筑工程投资529.72万元,机电设备及安装工程投资1 036.38万元,施工临时工程投资38.73万元,独立费用151.37万元,预备费87.81万元,水土保持投资35.12万元,环境保护投资17.56万元。工程投资总概算情况见表5-22。

表5-22　工程投资总概算情况

序号	工程或费用名称	建安工程费(万元)	设备购置费(万元)	独立费用(万元)	合计(万元)	占一至五部分合计比例(%)
Ⅰ	工程部分					
一	第一部分:建筑工程	529.72			529.72	30.16
1	大口井	30.85			30.85	
2	清水池	71.77			71.77	
3	管道及建筑物	315.12			315.12	
4	水厂配套	111.98			111.98	
二	第二部分:机电设备及安装工程	16.09	1 020.29		1 036.38	59.01
1	大口井	3.04	30.44		33.48	
2	清水池	0.28	2.78		3.06	
3	管道及建筑物	12.33	982.72		995.05	
4	水厂配套	0.44	4.35		4.79	

续表 5-22

序号	工程或费用名称	建安工程费（万元）	设备购置费（万元）	独立费用（万元）	合计（万元）	占一至五部分合计比例（%）
三	第三部分:金属结构设备及安装工程					
四	第四部分:施工临时工程	38.73			38.73	2.21
五	第五部分:独立费用			151.37	151.37	8.62
1	建设管理费			24.55	24.55	
2	工程建设监理费			34.13	34.13	
3	联合试运转费					
4	生产准备费					
5	科研勘测设计费			85.47	85.47	
6	其他			7.22	7.22	
	一至五部分合计	584.54	1 020.29	151.37	1 756.20	100.00
Ⅱ	预备费				87.81	
	基本预备费(5%)				87.81	
Ⅲ	入户投资					
Ⅳ	水土保持投资				35.12	
Ⅴ	环境保护投资				17.56	
	工程投资总计				1 896.69	

6 投资估算与资金筹措

6.1 编制依据

6.1.1 文件依据

(1)《新疆农村人畜饮水工程初步设计编制纲要》(2002);

(2)《水利工程设计概(估)算编制规定》(水利部水总〔2014〕429号);

(3)新疆维吾尔自治区交通厅、物价局《关于调整我区公路汽车客、货运价的通知》(新交造价〔2008〕2号);

(4)国家发展改革委、建设部关于印发《建设工程监理与相关服务收费管理规定的通知》(发改价格〔2007〕670号);

(5)国家计委、建设部关于发布《工程勘察设计收费管理规定的通知》(计价格〔2002〕10号);

(6)财政部、税务总局《关于调整增值税税率的通知》(财税〔2018〕32号);

(7)《大中型水利水电工程建设征地补偿和移民安置条例》(国务院令第471号);

(8)新疆维吾尔自治区发展计划委员会、自治区财政厅关于下发《自治区国土资源系统土地管理行政事业性收费标准》(新计价房〔2001〕500号);

(9)新疆维吾尔自治区财政厅《关于公布实施自治区征地统一年产值标准的通知》(新国土资发〔2011〕19号);

(10)《自治区重点建设项目征地拆迁补偿标准》(新国土资发〔2009〕131号);

(11)新疆维吾尔自治区发展和改革委员会财政厅《关于调整草原补偿费和安置补助费收费标准的通知》(新发改收费〔2010〕2679号);

(12)《水利水电工程环境保护设计概(估)算编制规定》(送审稿);

(13)关于颁发《水土保持工程概(估)算编制规定和定额》的通知(水利部水总〔2003〕67号);

(14)关于印发《水利工程营业税改征增值税计价依据调整办法》的通知(办水总〔2016〕132号);

(15)《水利、水电、电力建设项目前期工作工程勘察收费暂行规定》(发改价格〔2006〕1352号)。

6.1.2　定额依据

(1)《水利建筑工程概算定额》,黄河水利出版社,2002;

(2)《水利工程施工机械台时费定额》,黄河水利出版社,2002;

(3)《水利水电设备安装工程概算定额》,黄河水利出版社,2002;

(4)《水利水电建筑工程概预算补充定额》(水总〔2005〕389号);

(5)《水利水电工程勘测设计收费定额》(能源部、水利部〔2002〕10号);

(6)《水利工程设计概(估)算编制规定》,黄河水利出版社,2002;

(7)《中小型水利水电设备安装工程概算定额》(水建管〔1999〕523号);

(8)《水利建筑工程补充预算定额》(新水建管〔2005〕108号);

(9)《水利工程补充概算定额》(水利部水总〔2005〕389号);

(10)投资概算编制其他相关文件和标准。

6.1.3 基础单价

6.1.3.1 人工预算单价

按引水工程四类区计算。其中,工长 10.92 元/工时,高级工 10.21 元/工时,中级工 8.26 元/工时,初级工 6.29 元/工时。

6.1.3.2 材料预算单价

材料预算价格=(材料原价+运杂费)×(1+采购及保管费率)

油料不计装卸费;水泥、砂石料采购及保管费率为3%,钢材、油料采购及保管费率为2%,其他材料采购及保管费率为3%。

商品混凝土、钢筋、汽油、柴油均按限价计入工程单价。主要材料、设备原价均按出厂价计,次要材料按到货价计。

6.1.3.3 风、水、电预算单价

施工风、水、电价格是按预算价计算。

6.1.3.4 施工机械使用费

根据相关规定,施工机械台时费定额的折旧费除以 1.15 调整系数,修理及替换设备费除以 1.10 调整系数,安拆费不变。超过部分计取材差后列入相应工程单价中。

6.1.3.5 商品混凝土材料单价

商品混凝土单价按"营改增"调整,采用不含增值税进项税额的材料价格进行计算。

6.1.3.6 投资概算编制依据

本次投资概算采用 2018 年第三季度价格水平编制。

6.1.4　费率标准

（1）根据财政部、税务总局《关于调整增值税税率的通知》（财税〔2018〕32 号），纳税人发生增值税应税销售行为或者进口货物，原适用 17% 和 11% 税率的，税率分别调整为 16%、10%。

（2）材料运杂费按公路货物运率按照新《新疆维吾尔自治区公路工程基本建设项目概算预算编制办法补充规定》（新交造价〔2008〕2 号）文件相关规定计算，采购保管费按运到工地价格（不含运输保险费）的 3% 计算。

（3）企业利润按直接工程费和间接费之和的 7% 计算。

（4）税金按直接工程费、间接费及企业利润之和的 10% 计算。

（5）基本预备费按项目工程部分的第一至五部分工程费的 5% 计算。

6.2　投资估算

本次实施方案通过以点带面，采取典型工程法估算全疆饮水型氟超标地方病防治工作投资规模，详见表 4-1。

本次实施方案范围为塔什库尔干县、莎车县、温泉县、沙雅县、阿勒泰市、吉木乃县、布尔津县等 7 个县（市）的饮水型氟超标问题，共涉及 10 个乡（镇）39 个行政村，31 642 人（其中，建档立卡贫困人口 5 834 人）。计划实施农村饮水安全工程 8 处，主要采取水源置换、水质处理等工程措施加以解决，需投资 13 382 万元。

6.3　资金筹措

资金按照中央与地方共同负担的原则落实。其中，塔什库尔干县、莎车县两个深度贫困县的防治工程已列入《新疆维吾尔自治区22个深度贫困县2018~2020年农村饮水安全实施方案》,建设资金共1190万元已得到落实;吉木乃县防治工程建设资金591万元,通过统筹整合扶贫资金、涉农资金和利用地方政府债券等方式解决;温泉县、沙雅县、布尔津县、阿勒泰市等4个县(市)防治工程建设资金,按事权和支出责任划分原则分级负担,主要以地级县自行筹措落实为主,确有困难的,自治区研究给予支持;同时,自治区发展改革委员会、水利、财政等部门积极争取中央财政支持。

7 工程管理管护

7.1 工程产权及管护制度

7.1.1 工程产权改革

根据《中共中央关于加快水利改革发展的决定》《新疆维吾尔自治区水利管理单位机构编制管理办法》《新疆维吾尔自治区农村饮水安全工程建设管理实施细则》《村镇供水站定岗标准》等有关文件,制定符合饮水型氟超标地区的农村饮水安全工程产权改革方法。具体措施如下:

(1)明晰产权、落实主体,多形式推进农村饮水工程产权制度改革。

(2)明确管护主体,落实管护责任,落实工程管护经费。

(3)完善运行管理机制,积极推广伊犁州巩留县"供水总站+协会"的两级管理模式。

7.1.2 管护制度

(1)根据不同的工程类型和规模,采取不同的管理模式,制定相应管理制度,逐步向集中管理、专业化运营方向发展。

(2)规范供水单位的管理、完善供水单位内部管理制度,提高管理水平和服务质量,逐步建成新疆农村饮水安全工程专业化运营体系。

(3)建立健全农村饮水工程水源、水质、水环境的保障制度。

7.2　管护制度建设

7.2.1　完善工程长效管护机制

结合实际情况,积极探索经营管理模式,打破乡镇行政区域界线,实施联片乡镇集中供水工程,使农村供水安全工程规模化、集约化程度不断提高,加快城乡供水一体化供水进程。

7.2.2　提高水质检测能力

完善水质检测制度,制订水质检测计划;对水质检测结果超出标准限值时,立即复测、增加检测频率并上报卫健疾控部门进行对比;因地制宜,合理利用政策,多渠道积极争取水质监测中心运行经费,探索水质监测中心有效运行的体制机制。

7.3　水价与收费机制

7.3.1　水价机制

农村饮水安全工程属于准公益性或者准公共性供水工程,按照"补偿成本、合理收益、公平负担"的原则定价,实行农村居民生活用水和非居民生活用水分类计价。

7.3.2　水费征收机制

农村饮水工程供水实行定额管理,计划用水,计量到户,按方收费;对超定额、超计划用水的,实行累进加价收费。积极探索水费补偿机制。探索工业反哺农村的保障机制,通过工业供水弥补农村供水经费不足。

7.4　工程运行机制

(1)进一步明确运行管护主体,落实管护责任,健全管护机构,充实管护人员,加强人员培训,提高管护水平。根据不同的工程类型和规模,采取不同的管理模式,制定相应管理制度,逐步向集中管理、专业化运营方向发展。积极推行水厂企业化运作,落实建立地(州)、县(市、区)饮水安全工程维修养护基金,保障工程长效运行。

(2)引入竞争激励机制,规范、完善供水单位内部管理制度,优化职工队伍,合理设置岗位,实行岗位责任制,推行竞争上岗,提高管理水平和服务质量。要加大职工培训力度,加强对职工水利政策、法规、专业综合素质方面培训,改进供水管理机构的人才结构,逐步建成全疆农村饮水安全工程专业化运营体系。

(3)认真贯彻落实质量责任,健全质量管理体系,在强化施工过程管理上加大工作力度,确保农村饮水工程质量,为运行管理和长久发挥效益创造条件。

(4)建立健全农村饮水工程水源、水质、水环境的保障制度。

8　分期实施意见

　　按照"先急后缓、先重后轻、突出重点、分步实施"的原则,结合脱贫摘帽计划确定分期实施方案。新疆维吾尔自治区饮水型氟超标地方病防治工作计划两年完成,总投资 13 382 万元。全疆分年度投资计划见表 8-1。

表 8-1　全疆分年度投资计划　　（单位:万元）

计划时间	2019 年	2020 年	合计
计划投资	8 629	4 753	13 382

　　2019 年完成投资 8 629 万元,占总投资的 64.48%,优先解决塔什库尔干县、莎车县 2 个深度贫困县和沙雅县、阿勒泰市、吉木乃县的饮水问题。建设水源置换工程 4 处,水质净化处理工程 2 处,解决人口 19 322 人,其中建档立卡贫困人口 2 783 人。

　　2020 年计划投资 4 753 亿元,占总投资的 35.52%,用于解决温泉县、布尔津县的饮水问题。建设水源置换工程 2 处,解决人口 12 320 人,其中建档立卡贫困人口 3 051 人。

9　保障措施

9.1　组织保障

(1)加强组织领导。充分发挥《新疆维吾尔自治区农村饮水安全工作领导小组》《新疆维吾尔自治区防治重大疾病工作厅际联席会议制度》等作用,对全区农村饮水安全工作进行统筹安排,有序推进农村饮水安全工作。同时,地(州)、县(市、区)逐级层层签订责任状,落实责任,逐级考核,保证"德政工程""民心工程"落到实处。

(2)坚持问题导向。围绕饮水型氟超标问题,严格按照有关技术标准和规范要求,做好自治区氟超标地区农村饮水安全巩固提升工程建设规划、初步设计等前期准备工作,科学规划,切实做到有的放矢。

(3)加强运行管理。建立健全完善运管机构、机制,明确运行管护主体,落实管护责任和运行管护经费,核算供水价格,制定征收办法,确保工程建得好、管得好、用得好,发挥长效。

9.2　技术保障

(1)加大技术联合攻关。与高校、科研院所等紧密合作,努力研究改进适用于农村氟病区、经济适用、操作简单、安全有效的降氟改水净水技术;针对不同地区特点,总结形成针对性强、容易成型的降氟改水技术应用模式。

（2）加强业务技能培训。加强对基层行业部门和工程管护主体的业务培训,提升基层行业部门对降氟改水工程的建设和管理能力,提高工程管护主体对相关工艺的管理应用水平,努力实现降氟改水工程建得成、用得好、长受益。

（3）技术推广应用。加强农村饮水安全巩固提升工程建设的技术指导,及时宣传推广和交流先进典型的经验技术。

另外,在清洗反渗透膜元件时,需要化学试剂配制清洗液,清洗后将会产生废、污水,造成二次污染,对当地环境、居民健康等产生危害。因此,需要生态环境、自然资源、卫生健康、水利、发展改革、财政等部门建立协调沟通机制,制订应对方案,采取相应措施。

9.3　资金保障

（1）多渠道筹集资金。通过积极争取中央资金支持,各地（州、县、市）统筹农村饮水安全巩固提升工程建设资金、扶贫资金、整合涉农资金、援疆资金等,解决项目建设资金不足的问题。

（2）充分利用政策。紧抓机遇,积极争取国家投资,建议设立专项贷款,把乡镇供水建设项目的贷款计划纳入国家扶持的基础设施范围内。

9.4　监督保障

（1）建立多部门协作机制。各相关部门要建立多部门协作机制,在资金落实、工程建设、监测评估、力度实施、检查监督、宣传教育等方面分工协作、形成合力、共同推进。

（2）强化监督考核。进一步强化对氟病区改水工作调度和监督检查,严格实施考核。县（市、区）级水利、卫生健康、发展改革、财政等部门每年对完成的年度计划任务及时组织验收。省级相关部门定期开展现场督察、绩效评价等工作,并与项目资金安排、考核评价等挂钩。水利部门紧盯关键地区、关键项目、关键问题、关键环节,加大监管力度,重点检查项目管理、资金使用、施工进度和工程质量,发现问题,及时督促问题整改。卫生健康部门会同水利部门强化对县(市)改水降氟工作落实情况和实施效果进行综合评估,作为地方病控制和消除评价的重要内容。

(3)推进用水户参与。大力推行农村饮水安全项目建设管理用水户全过程参与制度,接受社会监督。

10 建 议

10.1 水资源动态配置过程中优先保障农村饮水需求

受气候变化影响,新疆维吾尔自治区径流减少、时空分布更加不均,水文极端事件发生频率和强度增加,影响区域水资源利用格局和配置;同时,随着生活水平提高、区域经济发展,农村需水量也是动态变化的,因此应根据变化的供需情势,提出新的水资源配置方案。对于饮用水输水管网无法到达、年降水量小于 100 mm、交通不便利、取水距离较远的区域,可考虑进行生态移民。对于无法搬迁的地区,应当组织专业人员进行实地考察,因地制宜,寻找合适的地表水或地下水进行开发利用。

10.2 推进城乡供水一体化

水利扶贫是脱贫攻坚工作落实的重要途径之一。为加强贫困地区农村饮水安全设施建设,保障贫困地区饮水安全,中央和地方政府加大对贫困地区资金支持力度,鼓励地方多元化融资以加快完善城乡供水一体化。面对目前工程老旧、标准低、覆盖面不全等情况,应新建、改建、扩建饮水工程,提高标准,严格按国家规范要求进行设计、运行、维护,全面推进城乡供水一体化。对于新建工程,因地制宜,科学规划,严格执行工程的审批和验收标准,有条件的地方可建设高标准水源工程。对于不完善饮水工程,应增加和改造必要的处理设施,规范使用水质净化消毒设施、设备,保障供水水质。对于地方病严重的区域,增加水质监测频次,持续关注工程进度、使用效果、地方病病情变化等情况。地方病改水过程中可考虑与邻近非病区居民点建立联合供水系统,灵活改水以实现合理布局、资源共享。对于水源水质恶化且恢复困难或水量难以得到保障的饮水工程,则需要考虑更换水质安全、水量充足的水源。同时,为保障饮水安全工程长效运行,不仅要保证工程建设质量,还需为用水户提供便利。

10.3　加强饮水安全工程维护和管理

加强农村饮水安全管理,有关部门应严格遵守并不断完善农村饮水安全工程管理制度,有条件的区域可建立农村饮水安全信息化管理平台,推动农村饮水安全工程的信息化管理、可持续发展。在人员配备上,需要不断培养、聘请专业技术人员,使得农村饮水安全管理工作得到有效技术支撑。同时,对于农村水窖、机电井管理,各地应根据《水利部关于加强水资源用途管制的指导意见》(水资源〔2016〕234 号)中"加快实施地下水超采治理,完成地下水禁采区、限采区范围划定工作"等的相关规定,规划地下水资源采区,根据采区严格管控,限制新井开采。对于旧井、废井,按当地出台的相应取水井报废处置办法进行处置。

10.4　加强饮用水水源地保护

合理有效划分水源附近区域的水域功能,合理划分水源保护区(保护范围);加强农村地区生活污水、废水管理,防止威胁附近水质安全;通过兴建水利工程和水利设施提高水质,实现水资源自然过滤;同时,避免生活及农业污水等倒灌地下水;建立完善的水

源监测体系;从生态环境方面做好水源保护工作,防止水土流失等
各种自然灾害发生;加强宣传,提高村民水源保护意识,使广大农
民认识到饮用水安全的重要性;强化水源保护方案和措施,有条件
选择后备水源并进行必要的工程储备。

10.5　健全饮水安全供水应急机制

建议以政府主要领导为主要负责人,由水利、发展改革、卫生
健康、生态环境、自然资源、住房和城乡建设等相关部门建立联席
会议制度,明确处理突发紧急事件情况下供水工作的组成部门、职
责分工、责任人和工作机制等,明确突发状况下的信息发布、通报
制度等;构建村或供水工程管理单位、乡(镇)供水工程受损快速
调查、上报系统,确定快速调查评估方法、上报程序、管理机制等;
研究农村集中供水工程避震、防洪、防冻及防人为破坏的设计方
案、技术模式等。

10.6　创新水务"互联网+"信息化管理

利用"互联网+"技术和大数据信息,建设农村安全饮水信息
化管理平台,实现农村安全饮水远程监控、实时监测等,为农村饮
水安全巩固提升、脱贫攻坚数据筛查、后期运行管理等奠定坚实
基础。

10.6.1　现代化办公传输

总站与各分站建立网络平台,实现数据、资料、报表实时上传,
工程报修、维修快速反应,通过视频会议功能传达会议精神,进行
在线培训、异地学习交流等,节省时间、成本,提高工作效率。

10.6.2　实时监测水量

实时监控用水户水量,分析管网漏损情况,一旦发现数据异常,信息平台立刻定位报警区域,远程关闭阀门,有效缩短事故反应和处理时间,自动监测蓄水池、水量、水压、水井出水量等,传输分析数据信息,对出水量小的深井及时切换、检修,节约电费,防止水泵脱落掉井等。

10.6.3　自动切换水源

当地表水源发生故障时,信息平台自动切换备用水源,启动相应设备供水,还可以通过水源置换管网站与站之间互通供水,实现及时供水、安全供水。

10.6.4　保障饮水安全

依靠水质在线监测系统,对浊度、消毒剂余量、pH 等关键指标进行 24 h 监测,一旦发现水质异常及时预警,有效保障农村饮水安全。

总之,当前农村饮水安全问题主要体现在水源保证率不高、饮水型地方病分布较广、水源地保护薄弱、饮水安全工程长效运行管理不足等方面,建议相关部门增加农村饮水保障专项资金,引导社会和市场协同发力,结合各地实际自然条件和饮水安全工程发展现状,因地制宜,统筹实施农村饮水安全工程。加快完善水资源配置,根据供需状况不断调整配置方案;加强安全饮水设施建设和工程管理,以保障水质为目标,建设高标准工程,保证工程可持续发展;加强水源保护和饮用水水源地规范化建设、净化消毒和水质定期检测工作,建管并重,全面提升农村饮水安全保障水平。

参考文献

[1] 罗庆. 农村地区居民饮水安全综合研究[D]. 北京:中国疾病预防控制中心,2019.

[2] 肖理奇. 商水县农村饮水型氟超标问题治理措施探讨[J]. 水利技术监督,2019(5):71-73.

[3] 阿不来提·阿不都热依木. 新疆农村饮水安全问题调查分析[J]. 陕西水利,2019(4):126-127.

[4] 阿不都外力·艾乃吐拉. 新疆吐鲁番地区农村饮水改扩建工程输水管道设计的探讨[J]. 珠江水运,2019(17):3-4.

[5] 常锋,雷佩玉,孟昭伟,等. 2016—2018年陕西省农村生活饮用水毒理学指标监测[J]. 卫生研究,2019,48(5):739-744.

[6] 周倩. 农村饮水安全问题及措施[J]. 河南水利与南水北调,2019,48(1):25-26.

[7] 赵小明. 新绛县农村饮水安全工程水质不达标情况及解决措施[J]. 山西水土保持科技,2019(1):24-26.

[8] 吴素静. 宣威市农村地区的饮水问题及解决措施[J]. 资源节约与环保,2019(9):141-142.

[9] 李婧,李家勇,高丽娟,等. 陕甘宁新苦咸水开发利用现状及存在问题浅析[J]. 西北水电,2019(4):12-15+20.

[10] 李自明,王新梅,陈伟伟,等. 农村饮水安全巩固提升现状及发展对策——以新疆生产建设兵团为例[J]. 水利发展研究,2018,18(5):30-33+40.

[11] 李付全,吴素利,李孟双. 通辽市农村牧区饮水安全存在问题及解决对策[J]. 中国水利,2018(9):55-56.

[12] 罗庆,李洪兴,魏海春,等. 气候变化下饮水安全及其健康影响因素进展[J]. 公共卫生与预防医学,2018,29(3):88-92.

[13] 孙熙珍. 甘肃中部贫困地区生活饮用水水质卫生状况监测分析[J].

疾病预防控制通报,2018,33(4):68-71.

[14] 袁武臣.江西省某农村饮水安全工程政策落地及反馈分析研究[D].南昌:南昌大学,2017.

[15] 刘克俭,潘祎男,孙毅,等.辽宁地区高氟水处理技术研究[J].黑龙江水利科技,2017,45(7):94-96.

[16] 高彦辉.大力推进地方性氟中毒的精准防控工作[J].中华地方病学杂志,2017,36(2):87-89.

[17] 王亦宁,钟玉秀.我国农村饮用水水源保护对策[J].中国水利,2017(9):24-26.

[18] 张汉松."十三五"时期农村饮水安全巩固提升现状、问题与对策[J].水利发展研究,2017,17(11):57-60+81.

[19] 胡晓勇,王盼盼.超滤膜与常规饮用水净化工艺适配性研究进展[J].水资源保护,2016,32(5):67-73.

[20] 刘莹.湖南省农村饮水安全存在的问题及对策[D].长沙:湖南农业大学,2016.

[21] 王金魁,杨家军.基于GIS的新疆农村饮水安全环境空间现状分析[J].新疆水利,2016(3):10-15+41.

[22] 徐佳.农村供水工程运行状况及发展模式问题研究[D].天津:天津大学,2016.

[23] 艾英武.农村饮水安全工程设计的研究[D].南昌:南昌大学,2016.

[24] 田华,贾继民,张建江,等.新疆边防部队饮水安全个性化管理模式和运行机制[J].解放军预防医学杂志,2016,34(5):754-756.

[25] 李斌.新疆昌吉木垒县西吉尔镇饮水现状分析研究[J].能源与节能,2016(3):11-12+14.

[26] 周军苍.新疆维尔自治区农村生活饮水水质安全分析及建议[J].陕西水利,2016(S1):134-136.

[27] 李宾.新疆乌苏市人畜饮水工程建设的现状及改进建议[J].珠江水运,2016(6):68-69.

[28] 刘晓明,景荣,韩明明.2014年新疆和田地区农村饮用水水质监测结果分析[J].应用预防医学,2015,21(3):194-195.

[29] 曾金凤,刘春燕.新疆阿克陶县饮水工程水质安全现状分析及建设思

路[J].江西水利科技,2015,41(6):439-443.

[30] 徐明林,李锋,韩彦明.新疆昌吉市农村安全饮水工程水质现况调查
[J].现代预防医学,2015,42(20):3671-3672+3675.

[31] 闻捷,李宏英,张新本.新疆伊宁市尼勒克县农村饮用水水质现状分析
[J].农垦医学,2015,37(5):462-464.

[32] 曾远.阿图什市农村饮水安全工程问题研究[D].乌鲁木齐:新疆农业
大学,2014.

[33] 程发顺,方国华,黄显峰,等.基于模糊物元和墒权迭代理论的农村饮
水安全评价[J].中国农村水利水电,2014(4):73-76.

[34] 张琴.宁夏农村饮水安全水质净化工艺选择及技术研究[D].银川:宁
夏大学,2014.

[35] 周晓娟.农村饮水安全工程中水资源的论证问题研究——以新疆且末
县为例[J].黑龙江水利科技,2014,42(7):113-114.

[36] 李曼曼,李发文,傅长锋.河北省农村饮水安全诊断研究[J].灌溉排
水学报,2013,32(5):79-83.

[37] 张昀.新疆——建管并重 巩固农村饮水安全工作成果[J].中国水
利,2013(17):8-10.

[38] 王海平.农村饮水安全工程的建设与管理研究[J].安徽农业科学,
2013,41(1):398-400.

[39] 王玉婷.山东省青州市农村饮水安全问题研究[D].杨凌:西北农林科
技大学,2013.

[40] 玛依努尔·海力力.新疆农村供水工程存在的问题与建议[J].黑龙
江水利科技,2013,41(11):219-221.

[41] 杰恩斯·马坦,宋士海.新疆农村饮水安全工程存在问题及对策[J].
新疆水利,2013(4):42-46.

[42] 徐辉,贾绍凤,吕爱锋,等.青海省农村饮水安全及区域差异原因分析
[J].资源科学,2012,34(11):2051-2056.

[43] 邵建赟.甘肃省中部饮水型地方性氟中毒病区改水设施水质卫生调查
与评价[D].兰州:兰州大学,2011.

[44] 董苇,邵东国,张魁.湖南省饮水安全综合评价研究[J].水电能源科
学,2011,29(10):91-94.

[45] 金浩,林冠烽,唐丽荣,等.饮用水除氟技术研究进展[J].广东化工,2011,38(3):18-19+48.

[46] 陆建红,徐建新,赵鹏.河南省农村饮水安全综合评价研究[J].灌溉排水学报,2010,29(6):18-22.

[47] 余波,张莉,侯国强,等.河南省农村饮水氟含量调查结果分析[J].河南医学研究,2010,19(2):231-235.

[48] 吴贤忠.武威市农村饮水安全问题研究[D].杨凌:西北农林科技大学,2010.

[49] 雷万荣.甘肃省天祝县农村饮水安全探析[J].中国农村水利水电,2008(9):82-83+86.

[50] 李莉.农村饮用水安全问题及其解决途径与措施研究[D].西安:长安大学,2008.

[51] 侯志强,杨培岭,王成志,等.我国村镇供水工程建设研究[J].中国农村水利水电,2008(9):79-81+86.

[52] 戴向前,刘昌明,李丽娟.我国农村饮水安全问题探讨与对策[J].地理学报,2007,62(9):907-916.

[53] 毛野,宋士海.从新疆看我国西部农村的改水防病工程[J].水利水电技术,2002,62(4):53-56.

[54] 银恭举,余波,张莉.影响改水降氟工程水氟含量因素的探讨[J].中国地方病学杂志,2001(5):43-44.